ENCYCLOPÉDIE SCIENTIFIQUE

DES

AIDE-MÉMOIRE

PUBLIÉE

SOUS LA DIRECTION DE M. LÉAUTÉ, MEMBRE DE L'INSTITUT

Ce volume est une publication de l'Encyclopédie scientifique des Aide-Mémoire : L. ISLER, Secrétaire Général, 20, boulevard de Courcelles, Paris.

N° 423 B.

ENCYCLOPÉDIE SCIENTIFIQUE DES AIDE-MÉMOIRE

PUBLIÉE SOUS LA DIRECTION

DE M. LÉAUTÉ, MEMBRE DE L'INSTITUT

HYGIÈNE DES VILLES

ATMOSPHÈRE. VOIE PUBLIQUE

PAR

M. BOUSQUET

Architecte de la Ville de Mantes

GAUTHIER-VILLARS, IMPRIMEUR-ÉDITEUR, Quai des Grands-Augustins, 55

MASSON ET Cie, ÉDITEURS, LIBRAIRES DE L'ACADÉMIE DE MÉDECINE, Boulevard Saint-Germain, 120

OUVRAGES DE L'AUTEUR PARUS
DANS LA COLLECTION DE L'ENCYCLOPÉDIE

I. **Hygiène de l'Habitation : Sol. Emplacement. Matériaux de construction.**

II. **Hygiène des Villes : Atmosphère. Voie publique.**

III. **Hygiène des villes : Distribution d'eau. Égouts.**

AVANT-PROPOS

—

Il est reconnu que l'hygiène individuelle est illusoire si des mesures de prophylaxie générale n'assurent pas à la ville elle-même et à ses environs, de bonnes conditions hygiéniques. Or, comment veut-on qu'une ville puisse être salubre, si ses voies ne sont pas bien orientées, si elles ne sont pas suffisamment larges pour que le soleil et la lumière puissent s'y répandre à flots et l'air s'y renouveler fréquemment ; si l'eau n'est pas fournie en abondance aussi bien pour les lavages que pour les besoins ménagers ; si enfin l'évacuation immédiate des ordures et des déchets de la vie n'y est pas assurée par un bon service de voirie et par un réseau parfait d'égouts.

On ne peut nier que, depuis quelques années, des efforts sont faits par nos municipalités — bien en retard sur celles de l'étranger — en vue d'assurer la salubrité de leur cité ; mais on souhaiterait cependant qu'elles abordent et réalisent ce côté hygiénique avec autant d'ardeur et de dépenses qu'elles en mettent lorsqu'il s'agit d'augmenter le côté esthétique. La loi sur la protection de la santé publique du 15 février 1902 ne doit pas être, ou plutôt, ne doit plus être un vain mot; l'hygiène urbaine peut et doit en tirer un large profit. Il ne suffit pas à une ville de posséder un règlement assez rigoureux concernant la salubrité des habitations, il faut qu'elle ait aussi un bon règlement d'hygiène générale et surtout qu'elle veille à son application. Les travaux de voirie ne doivent pas être exécutés d'une façon parcimonieuse, les égouts être construits trop rudimentairement, l'usage de l'eau potable limité. Les municipalités se doivent d'étudier leurs projets d'assainissement le plus largement possible et pour une très longue période de temps; les sacrifices faits dans ce sens seront grandement récupérés par l'économie des existences et l'utilisation des forces humaines ainsi protégées et épargnées.

Certes, si l'on fait un retour en arrière, on a, depuis le milieu du XIXe siècle, réalisé de notables progrès dans le domaine de la salubrité des villes, et l'habitant de nos villes modernes ne se sentirait pas à l'aise dans celles du Moyen Age et même dans celles de la fin du XVIIe siècle. Le temps n'est plus des villes enserrées dans leur ceinture de remparts et de fossés, des rues non pavées, servant de canalisation aux eaux pluviales et ménagères, vrais cloaques qui, pour comble, n'avaient aucun éclairage la nuit. Oui, des progrès ont été accomplis grâce surtout aux recherches et aux belles découvertes des Pasteur, des Berthelot, des Roux et de tant d'autres savants, mais il ne faut pas se faire d'illusions, ce qui est fait n'est rien ou presque rien en comparaison de ce qui reste à faire pour la sauvegarde de la santé publique.

L'hygiène des villes est un problème dont l'importance demande la plus sérieuse attention parce que les solutions des divers facteurs qui concourent à cet ensemble hygiénique comportent avec elles les plus graves conséquences, il convient dès lors, pour les villes, de n'en point confier l'étude, totale ou partielle, au premier agent municipal venu. Le directeur de la technique sanitaire d'une ville, que ce soit un ingénieur ou un architecte, doit être familiarisé avec l'hygiène ; il lui sera alors facile de seconder intelligemment et utilement le directeur du Bureau municipal d'Hygiène. C'est à la connaissance des principes les plus essentiels de l'hygiène urbaine et à l'intention des ingénieurs ou architectes-voyers, conducteurs des ponts et chaussées, agents-voyers, inspecteurs d'assainissement, maires et adjoints délégués aux travaux et à l'hygiène, que nous avons rédigé ce premier volume traitant de l'atmosphère des villes et de la voie publique, réservant les questions de l'alimentation en eau potable et des égouts pour un second. Nous avons fait cette rédaction dans le même esprit pratique que nous avons mis à notre précédent volume, l'*Hygiène de l'habitation*.

Juin 1912.

M. Bousquet, architecte,
Membre de la Section d'Hygiène
urbaine et rurale
du Musée Social.

ATMOSPHÈRE

Situation géographique des villes au point de vue sanitaire. — Pendant longtemps en France, comme dans tous les autres pays d'ailleurs, on a considéré la ville comme moins salubre que la campagne. Il est vrai que les statistiques confirmaient cette idée, mais aujourd'hui des faits bien établis montrent qu'il y a parité due à ce que, durant ces dernières années, beaucoup de villes se sont assainies alors que peu de choses, à ce point de vue, a été fait dans les campagnes. Si, en 1890, le Dr Lagneau indiquait, pour notre pays, une mortalité de 244 par 10 000 habitants pour le milieu urbain et 208 pour le milieu rural, en 1912, on ne notait plus que 191 pour le premier et 197 pour le second.

Cette mortalité est encore trop forte et il appartient aux pouvoirs publics de faire tout pour qu'elle s'abaisse davantage en rappelant notamment aux villes qu'il existe une loi, celle du 15 février 1902 sur la santé publique, les mettant dans l'obligation, dès que la mortalité est supérieure à la moyenne admise, en ce moment

193 par 10 000 habitants, de procéder à tous travaux d'adduction d'eau pure et d'assainissement, ou de compléter, améliorer ces services s'ils existent déjà afin que le taux de la mortalité soit abaissé. Il est pénible de constater que certaines villes, dont quelques-unes grandes et riches par elles-mêmes ou situées dans des régions très riches, n'ont encore rien fait, ou peu, pour diminuer leur taux de mortalité bien supérieur à ce chiffre de 193, ainsi Fougères (251), Avignon (244), Cherbourg (238), Toulouse (237), Armentières (235), Lons-le-Saulnier et Alençon (232), Aix-en-Provence (229), Soissons (227), Besançon et Lille (223), St-Étienne (222), Reims (220), Limoges (219), etc.

Les causes d'insalubrité d'une ville sont des plus complexes, les unes sont d'ordre physique, les autres, d'ordre moral. C'est par l'étude des premières, c'est-à-dire l'emplacement, l'altitude, la constitution du sol, l'hydrologie, le régime des vents, etc., que l'on doit, en premier lieu, commencer quand on veut examiner la salubrité ou l'insalubrité d'une ville. Le Dr Fonssagrives, dans son ouvrage classique, divise les agglomérations en villes de plaine, villes de vallée, villes maritimes, villes fluviatiles, villes lacustres et villes palustres.

Les villes de plaine, lesquelles reposent sur un sol peu élevé au-dessus du niveau de la mer, en un pays plat et à une assez grande distance de cours d'eau importants, jouissent, en général, de conditions hygiéniques favorables pourvu, toutefois, que le sol y soit disposé de telle sorte que les eaux ne puissent y stagner. Les villes de vallée, du fait qu'elles sont situées dans des passages plus ou moins étroits, ne peuvent recevoir que très imparfaitement les rayons solaires et, dès lors, plus la vallée sera étroite et profonde, plus elle sera insalubre. Les villes maritimes placées sur des mers offrant de grandes variations de niveau, sont plus malsaines que celles qui sont au bord des mers n'ayant pas de marée, à moins que la disposition du port ne soit un obstacle à l'aménagement convenable du régime des égouts ; le mouvement de l'eau occasionne un apport considérable de matières organiques qui en se décomposant sur le rivage, empoisonnent l'atmosphère. A l'égard des villes fluviatiles, la présence du fleuve est pour elles une cause de salubrité, parce qu'il crée, dans le sens du courant, un déplacement d'air correspondant à une cheminée d'appel et qu'il constitue de ce fait un agent de ventilation des plus énergiques ; il est aussi une ressource précieuse pour l'approvisionnement communal, du moins aussi longtemps que le développement de la ville ne devient pas disproportionné aux dimensions du fleuve qui la traverse. Toutefois, on conçoit que si le fleuve est converti en égout par toutes les déjections et immondices d'une population nombreuse, il devient une cause d'insalubrité non seulement pour la ville qu'il traverse, mais également et surtout pour les agglomérations situées au-dessous de ce foyer d'infection. Les villes lacustres, qu'elles soient situées au bord d'un lac ou construites sur pilotis, si elles se font remarquer par une absence de poussières, par contre, on y constate une grande humidité ; cependant, l'influence fâcheuse de cette dernière peut se trouver parfois amoindrie ou combattue par l'activité des vents ou par la température du lieu même. Quant aux villes palustres représentées par la plupart des villes placées à l'embouchure des fleuves, autrement dit plus ou moins complètement au milieu d'un marais, elles ne peuvent être, en raison même de cette position, que naturellement insalubres.

A côté de l'emplacement qui joue, comme on vient de le voir, un rôle prépondérant au point de vue de la salubrité d'une ville, certains hygiénistes placent l'altitude, laquelle influerait directement sur l'hygiène à tel point qu'on aurait remarqué des conditions d'hygiène très dissemblables entre deux quartiers d'une même ville, n'ayant cependant que 20 à 40 mètres de différence de niveau. Le fait capital pour une ville située à une altitude très élevée est la diminution de la pression atmosphérique qui décroît très rapidement à mesure que l'on s'élève au-dessus du niveau de la mer. Ce qui fait que l'atmosphère y étant moins riche en oxygène, il peut en résulter de sensibles modifications dans la santé, comme l'ont démontré les travaux de plusieurs médecins qui ont étudié ces questions sur les lieux mêmes. Cette circonstance n'existe pas pour la France, l'altitude des villes les plus hautes comme Briançon (1321 mètres), Chambéry (1270 mètres), Grenoble (1230 mètres), etc., n'étant pas suffisante pour que l'abaissement de la pression atmosphérique y occasionne des troubles dans la santé des habitants.

Concernant le climat, l'altitude n'y joue pas un rôle appréciable quand il s'agit de villes dont l'altitude varie entre 50 et 300 mètres ; mais seulement lorsque le niveau descend à quelques mètres au-dessus de la mer (Nantes, Bordeaux, Caen, Narbonne, Saint-Brieuc, etc., et *a fortiori* à quelques mètres au-dessous. Il est évident que les villes placées dans ces conditions sont naturellement exposées aux inconvénients d'un climat humide et que le peu d'élévation du sol y rend plus difficile l'écoulement des eaux.

Géologiquement, les villes sont classées en villes rocheuses, villes sablonneuses, villes argileuses et alluvionnaires, villes assises sur des terrains artificiels. Il est incontestable que les villes assises sur le roc sont les plus salubres de toutes, pourvu que d'autres conditions ne viennent point altérer la santé des habitants ; en effet, l'imperméabilité et la pente du sol ne permettent pas au terrain de s'imprégner de matières infectieuses. Les villes assises sur fond sablonneux ne sont saines que si le sous-sol est perméable ; mais s'il est argileux, la stagnation des eaux peut infecter le sol. Les villes situées sur des terrains d'alluvion présentent tous les inconvénients des localités palustres. Les villes assises sur des terrains artificiels ont ordinairement un sol poreux, humide et sujet à s'infecter, soit par les détritus qui y pénètrent, soit par la nature même de ces terrains artificiels.

La situation d'une ville, par rapport aux eaux souterraines, est un élément entrant dans sa salubrité. Si la ville est placée au fond d'une cuvette, dominée par les hauteurs qui environnent, elle sera nécessairement humide. Mais, quelle que soit sa situation, il en sera de même pour toute ville, si la première couche imperméable est seulement superficielle. L'eau, retenue à une faible profondeur, remonte facilement jusqu'à la surface où elle entretient une végétation d'ordre inférieur ; si, au contraire, la couche argileuse est profonde, les eaux souterraines sont assez éloignées de la surface du sol pour n'y exercer aucune influence fâcheuse. C'est ce qui fait dire au Dr Fonssagrives, que la profondeur des puits d'une ville est la salubrité de son sol.

Quant aux vents qui apportent l'humidité ou la sécheresse, ils paraissent, en outre, avoir, au point de vue hygiénique, à la fois un avantage et un inconvénient. S'ils assurent le renouvellement de l'air, c'est-à-dire s'ils chassent des villes l'air chargé de corpuscules de charbon, d'acide carbonique et d'autres impuretés pour le remplacer par de l'air pur venant de la mer, de la plaine ou de la montagne, ventilation naturelle d'autant plus nécessaire que la ville est habitée et que les maisons sont à plusieurs étages, par contre, s'ils sont un peu violents, ils soulèvent et mettent en suspension les poussières déposées sur le sol, les toitures, etc., et, avec elles, certains germes pathogènes. D'où la nécessité d'éviter la production des poussières ou de les tenir autant que possible adhérentes au sol.

Il est bon de conclure toutefois qu'il n'y a aucun emplacement, si défectueux soit-il, dont on ne puisse, par des travaux appropriés, rendre salubre ou, tout au moins, lui accorder une salubrité relative ; c'est une question d'argent simplement.

Dimensions, pentes et formes des voies publiques. Trottoirs et ruisseaux. — Une ville se compose essentiellement de maisons particulières et d'édifices publics ainsi que de voies de communications : rues, places, boulevards, avenues, impasses et passages, jardins et squares. En établissant une voie, une ville poursuit un double but, d'abord de faciliter les relations entre les faubourgs ou quartiers et, en second lieu, de permettre, dans les proportions les plus grandes possibles, l'accès de l'air, de la lumière, du soleil, dans les immeubles en bordure. Une voie, pour répondre aux desiderata qu'on est en droit d'exiger aujourd'hui en pareille matière, doit donc remplir les conditions ressortissant à ces deux considérations : facilité de circulation et hygiène.

En général, une rue est un intervalle, un chemin, laissé entre deux rangées d'immeubles. Sa longueur dans les grandes villes varie de 500 à 1 000 mètres, et parfois plus, si l'on tient compte, comme cela se présente à Paris, des autres rues qui, s'ajoutant les unes aux autres, toujours dans la même direction, finissent par former, sous des appellations diverses, un canal d'une longueur presque indéfinie. Cette disposition n'est pas sans inconvénients au point de vue de l'hygiène parce que l'aération ne peut s'opérer que difficilement dans ces longs couloirs, malgré les rues venant les couper transversalement. Il faudrait, pour une bonne ventilation, que des places, des jardins, des squares, interrompent de temps en temps la continuité d'une aussi longue ligne droite.

Si la longueur est laissée à des considérations de lieu, la largeur d'une rue est, au contraire, soumise à des règles très étroites, lesquelles doivent tenir compte, à la fois, de l'activité de la circulation dont la rue est ou sera l'objet et de la quantité d'air, de lumière et d'ensoleillement absolument indispensable aux habitations qui la bordent ou l'avoisinent. Pour ce qui est de la circulation, on conçoit que, pour éviter les encombrements et les accidents, la rue devra être d'autant plus large que plus considérable sera le nombre des véhicules de toute nature qui la parcourra en une journée. Si elle doit être peu fréquentée, sa largeur peut être fixée au passage de deux voitures, soit environ avec les deux trottoirs adjacents 8^{m},30 ; ce sera la largeur des petites rues ; moyennement fréquentées, on doit porter cette largeur à 17 mètres pour obtenir le dégagement possible de quatre voitures ; enfin, dans le cas d'une circulation active, — grandes artères, boulevards, avenues, abords d'une gare, d'un grand établissement public ou commercial, — il faut tabler sur un dégagement de six voitures ou 25 mètres de large compris trottoirs ou allées. Au point de vue hygiénique, on n'est point d'accord en France pour la largeur que l'on doit donner à une rue. Il semble à première vue qu'elle doit être déterminée par la hauteur des maisons, attendu que celles-ci transforment, en réalité, la rue en une vallée plus ou moins étroite ; or comme une vallée encaissée est notoirement insalubre, il s'ensuit que l'on devrait établir une proportion convenable entre la hauteur des maisons riveraines et la largeur de la rue. Et, dans cet ordre d'idées, l'*Association des hygiénistes allemands* pose, comme règle immuable, qu'avec 12, 20, 30 mètres de largeur de rue, la hauteur maxima des maisons ne doit, en aucun cas, dépasser ces dimensions. En France, on objecte que si, dans les villes du Nord, des rues spacieuses sont indispensables à la salubrité de la ville parce qu'elles favorisent l'évaporation, aident à la ventilation et permettent à la lumière, dont le climat est avare, de pénétrer jusqu'aux fonds des cours et des maisons, des conditions différentes doivent être préférées pour les villes du Midi parce que là on doit s'y défendre contre les poussières et le soleil. D'après Fonssagrives, les rues des villes du Nord doivent avoir un minimum de 12 mètres de largeur et, par contre, celles du Midi un maximum de 12 mètres, à moins qu'elles ne soient bordées d'arcades latérales afin de ménager aux passants un abri contre les ardeurs du soleil.

Nos règlements municipaux déterminant le rapport de la hauteur des bâtisses avec la largeur des rues sont des plus divers, et cela sans qu'il y ait, pour quelques-uns, une base scientifique. Tandis qu'à Lyon, le règlement de voirie porte :

	Hauteur des maisons
Pour une rue de 8 à 10^m^ de largeur . . .	19^m^
// au-dessus de 10^m^ de largeur .	20^m^,50
Pour voies et places de 50^m^ de largeur . .	22^m^,50

celui de Lille indique :

Pour une rue au-dessous de	10m	de largeur.		15m
//	//	12m	//	16m,50
//	au-dessus de	12m	//	18m

A Paris, le décret du 13 août 1902 mentionne que, pour les voies ayant moins de 12 mètres, la hauteur des maisons ne peut dépasser 6 mètres augmentés de la largeur réglementaire de la voie ; pour les voies de 12 mètres de large et au-dessus, la hauteur ne peut excéder 18 mètres augmentés du 1/4 de la partie de voie dépassant 12 mètres, sans que, dans aucun cas, cette hauteur puisse dépasser 20 mètres au-dessus du point d'attache.

Combien différents tous ces règlements de voirie avec celui de la ville de Bucarest lequel fixe, comme hauteur maxima des maisons :

Pour une largeur	au-dessous de 8m. .	6m
//	de 8 à 11m	10m
//	de 11 à 20m	14m
//	au-dessus de 20m . .	17m

Un certain nombre de savants et d'hygiénistes, entre autres, Knauff, Flügge, Vogt, Grüber, Spataro, Züber, Clément, Juillerat, Trélat, Rey, en présence de ces opinions différentes, ont cherché à résoudre la question en partant des principes scientifiques et en employant au besoin de véritables formules mathématiques. La plupart de ces calculs donnent des largeurs de rue peu en rapport avec les exigences de la pratique et, comme le dit le Dr Arnould s'ils sont de précieuses indications, ils ne doivent cependant pas être appliqués en toute rigueur. C'est qu'en effet, lorsqu'il s'agit d'établir une voie susceptible de fournir aux maisons un maximum d'air et de lumière, il y a lieu, si l'on veut arriver à des résultats s'approchant de l'exacte vérité, de tenir compte d'un facteur capital, primant même tous les autres : l'orientation, élément des plus complexes et qui a été lui aussi, examiné dans les sens les plus différents par la plupart de ceux qui ont abordé cet autre problème de l'orientation des rues dont nous parlons plus loin.

Il est également nécessaire qu'une rue présente une pente qui puisse permettre l'écoulement des eaux. Cette pente doit être, au minimum, de $0^{m},005$ par mètre ; il n'y a d'ailleurs aucun avantage à l'exagérer, parce que différemment, on déterminerait, chez les piétons, un certain degré de fatigue musculaire. Au surplus, sur ce point, on est guidé par la configuration du sol. Au point de vue de la forme, il est évident que la chaussée ne doit pas être absolument plate, mais offrir une inclinaison pour l'écoulement des eaux ; jadis, elle présentait une concavité centrale qui réunissait les eaux de la rue en un seul ruisseau ; aujourd'hui, on adopte avec juste raison, le système inverse, c'est-à-dire une chaussée légèrement bombée, et les eaux se partageant en deux ruisseaux coulant le long des trottoirs adjacents.

Les boulevards ne sont, en réalité, que des rues à dimensions beaucoup plus considérables, beaucoup plus larges, dès lors beaucoup plus aérées, ensoleillées et éclairées, et surtout plantées d'arbres qui leur donnent un aspect tout particulier ; ce sont, en somme, d'immenses voies de communication, percées à grands traits au travers de quartiers populeux, ou placées à leur périphérie, et qui ont pour but de rendre plus aisées et plus rapides les relations d'un point à un autre ; ils ont également pour mission de réaliser ce desideratum hygiénique, de répandre à flots l'air, la lumière et l'ensoleillement dans les quartiers qu'ils traversent. Du fait de ces larges trouées, une aération des plus actives se produit tout naturellement, et comme l'oxygène et les rayons solaires constituent les agents microbicides par excellence, il en résulte une modification des plus sensibles dans l'état sanitaire de la ville.

Les places qui, elles aussi, sont des renflements, des élargissements des rues contiguës ou adjacentes, sont destinées à pallier, dans de certaines limites, aux inconvénients provenant de l'envahissement excessif des bâtisses, à diminuer d'autant la densité, l'encombrement de la population, à permettre une circulation plus active de l'air, enfin une pénétration plus grande de la lumière et du soleil, dans tout le voisinage. Parfois, comme les boulevards et les promenades, elles sont plantées d'arbres et ornées de verdure d'où résulte, pour l'hygiène urbaine, de nombreux avantages que nous examinerons à l'article *Plantations et espaces libres*.

Quant aux impasses et aux passages, l'hygiène doit les proscrire, car ce sont des réservoirs d'air confiné qui ne peuvent dès lors présenter, au point de vue de la salubrité, que des inconvénients sans aucune compensation.

Par suite du développement du cyclisme et de l'automobilisme, la circulation dans les rues des grandes villes devient de jour en jour plus active, aussi cette circulation est-elle de plus en plus malaisée pour le piéton. De là, l'utilité d'un refuge où il soit suffisamment à l'abri des accidents possibles ainsi que des éclaboussures projetées par les voitures en temps de pluie. Par suite, un trottoir, pour qu'il rende de réels services, doit présenter une certaine largeur en rapport, au surplus, avec celle de la chaussée qu'il délimite ; généralement, les trottoirs adjacents représentent chacun un cinquième de la largeur totale mesurée d'une façade à l'autre des maisons en bordure, les trois autres cinquièmes étant réservés à la partie carrossable, à la chaussée proprement dite. Plus la voie de communication sera large, plus larges seront ou devront être les trottoirs.

Si, dans les voies ordinaires, ils sont disposés symétriquement de chaque côté, le long des maisons en bordure, dans les vastes avenues, on en établit parfois également à la partie médiane dans le but de faciliter surtout la circulation. Dans tous les cas, au point de vue de la salubrité et de la sécurité, ils doivent être suffisamment surélevés au-dessus de la surface de la chaussée, afin de permettre l'écoulement facile et régulier des eaux dans les ruisseaux, et pour que l'on n'ait pas à craindre qu'ils soient envahis même par les plus fortes pluies.

Le bord libre des trottoirs est composé de pierres dures, en granit de préférence, dont les dimensions varient avec les villes ; généralement ces bordures ont de $0^m,50$ à 2 mètres de longueur, $0^m,30$ de largeur au sommet, $0^m,33$ de largeur à la base qui est horizontale, $0^m,30$ de hauteur sur la face postérieure et $0^m,29$ sur la face antérieure ; parfois, elles ne mesurent que $0^m,18$ de largeur au sommet, $0^m,20$ à la base, $0^m,25$ de hauteur sur la face postérieure et $0^m,24$ à la face antérieure. Dans tous les cas, la hauteur au-dessus du revêtement de la voie ne doit pas dépasser $0^m,15$ à $0^m,17$, les parements vus doivent être soigneusement taillés et bouchardés afin de les rendre moins lisses et ainsi, prévenir les glissades et les chutes, enfin l'arête de ces parements doit être arrondie.

Dans les villes où ne fonctionne pas le tout-àl'égout, la surface des trottoirs est coupée au droit des mitoyennetés des maisons ou, plus souvent, selon la silhouette des toitures, par des tuyaux en fonte de forme spéciale que l'on appelle des gargouilles et destinées à conduire au ruisseau les eaux pluviales ou les eaux ménagères des maisons. L'hygiène doit exiger que ces tuyaux soient fréquemment nettoyés intérieurement et dégagés de tous objets pouvant les obstruer.

On devrait également veiller à ce que les trottoirs restent à toute heure de la journée et de la nuit absolument libres non seulement de tout encombrement, mais aussi de tout corps plus ou moins gênant ou dangereux. L'établissement d'une ou plusieurs marches en saillie sur le trottoir ne devrait pas être toléré, pas plus qu'être autorisés, même moyennant finances, des étalages qui font que souvent la moitié, si ce n'est quelquefois toute la largeur du trottoir est encombrée au point de rendre la circulation impossible aux piétons exposés de ce chef à tous les accidents possibles de la rue. Les étalages de produits alimentaires, de ceux surtout qui peuvent être consommés sans cuisson préalable, devraient être prohibés, attendu que ces denrées risquent d'être contaminées par les poussières que détient par moment l'atmosphère, comme l'ont montré le Dr Sartory et M. Filassier. On défendra aussi l'implantation de crochets ou d'anneaux destinés soit à fixer des cordes pour maintenir les auvents des magasins, soit à y attacher momentanément des animaux, comme nous l'avons vu dans certaines villes. Les bannes et les stores de rez-de-chaussée ne doivent pas empiéter trop sur la rue ni être trop bas afin de ne pas gêner la circulation.

Les ruisseaux doivent être composés avec des matériaux solides, résistants, aussi peu perméables que possible, parfaitement rejointoyés au ciment et posséder une pente suffisante pour permettre l'écoulement constant, régulier et absolu des liquides à l'égout ou à la rivière selon les circonstances et les lieux. En France, les ruisseaux sont placés au-devant des trottoirs immédiatement contre la bordure, système certainement le plus pratique ; en Suisse, le ruisseau est parfois médian et de temps en temps recouvert; en Allemagne et en Angleterre, dans certaines grandes villes, les ruisseaux sont formés de tranchées peu larges, mais profondes de $0^m,25$ à $0^m,30$, à talus très raides, et sont à $0^m,50$ de la bordure, ce qui les rend fort gênants et extrêmement incommodes sinon dangereux pour les véhicules.

En ce qui concerne les ruisseaux, l'hygiène commande qu'il ne s'y produise pas de fissure ni de disjonction, qu'enfin ils soient l'objet de lavages fréquents, sinon constants, qu'il y ait un courant d'eau, sinon permanent, du moins prolongé. C'est que l'on ne doit pas oublier que le ruisseau ne sert pas qu'à l'écoulement des eaux pluviales, mais aussi à l'évacuation des eaux provenant du nettoyage de la rue et de la chaussée, c'est-à-dire d'un liquide fortement chargé en matières organiques de toutes sortes et auxquelles viennent s'ajouter, bien que cette évacuation soit défendue, celles des eaux ménagères. De là, des infiltrations liquides fermentescibles au plus haut point et qui, au moment des fortes chaleurs, feront se dégager de tous ces disjoints, des odeurs infectes et insupportables. Il s'ensuit que le ruisseau ne devrait pas être fait avec des matériaux de petit échantillon, parce qu'ils donnent trop de joints et, par conséquent, augmentent les risques d'infiltration auxquels le ciment ne pare pas puisqu'il est aujourd'hui reconnu que, même fût-il de la meilleure marque, le ciment ne tarde pas à s'altérer au contact des liquides riches en matières grasses et organiques. On devrait donc utiliser de longues pierres, soit naturelles, soit artificielles (béton aggloméré on béton de ciment armé) de 1 mètre à $1^m,50$ de longueur, de $0^m,25$ à $0^m,40$ de largeur, d'une hauteur totale de $0^m,12$ à $0^m,15$ et que l'on pourrait faire avec emboîtements mâle et femelle. Les dépenses de première mise seraient certainement compensées par la durée plus grande de ce mode de revêtement, par les réparations moins nombreuses, par une pose moins coûteuse et surtout, au point de vue hygiène, par la diminution très grande des risques d'infiltration et la suppression d'odeurs insupportables.

Pour ce qui est du lavage des ruisseaux, il ne devrait pas se résumer en celui fait au moment du balayage des trottoirs et de la chaussée ; tout au moins en été, l'eau devrait circuler librement matin et soir pendant une heure ou deux, et cela dans toutes les rues, de façon à pouvoir entretenir la voirie dans de bonnes conditions.

Orientation et ensoleillement des voies principales. — Si l'orientation d'une maison isolée n'offre pas de difficulté, la direction à donner à une rue est un problème plus ardu à résoudre, attendu que l'on doit tenir compte de de plusieurs facteurs et notamment du climat et des vents régnants. Il apparaît, à première vue, que si ceux-ci sont violents, froids et désagréables, pour les éviter, il ne faut pas donner aux rues principales, aux grandes artères, une direction parallèle à la leur ; au contraire, dans le cas d'un calme habituel ou si on a intérêt à attirer les vents légers et frais, par exemple, dans les ports de mer des pays chauds pour la brise, on tracera les rues principales dans le sens même de ces vents. Les hygiénistes ne sont cependant pas d'accord sur cette question, les uns sont partisans de l'orientation à direction Nord-Sud ou méridionale, puisque dans le sens des méridiens, les autres, de l'orientation dirigée de l'Est à l'Ouest ou équatoriale puisque parallèle à l'équateur.

D'après les premiers, avec l'orientation Nord-Sud, non seulement les deux principales façades des bâtisses reçoivent, l'une à l'est pendant la première moitié du jour, l'autre à l'ouest durant tout l'après-midi, les rayons vivifiants du soleil ainsi que l'éclairage intense qu'ils produisent ; les extrémités elles-mêmes sont bien souvent accessibles aux mêmes éléments et en ressentent l'action bienfaisante, avec cet avantage en plus que la chaleur se concentre et se maintient dans les parois, ce qui est important pour nos contrées et surtout pour les pays septentrionaux. Au dire de Vogt, l'action directe de ces rayons solaires exercerait une influence considérable sur la santé publique à tel point qu'il a constaté à l'égard de la ville de Berne une différence de 13 °/₀ dans la mortalité, au préjudice du côté non ensoleillé des rues ; cette constatation est d'ailleurs en concordance avec l'idée admise par tous, touchant le rôle microbicide de l'ensoleillement. Les partisans de l'orientation Est-Ouest répondent qu'au contraire, l'exposition au midi de la façade principale d'une bâtisse semble la meilleure à rechercher sous ce rapport, à cause de l'intensité plus considérable encore de la chaleur dans les pièces habitées. Malheureusement, comme le fait remarquer le Dr Arnould, les choses sont loin de se passer comme on pourrait le supposer au premier abord, et c'est même l'inverse qui se produit. On constate, en effet, qu'une paroi verticale tournée vers le sud, emmagasine, même en plein été, peu de chaleur à midi, parce que les rayons solaires tombant selon une ligne qui se rapproche de la perpendiculaire à l'horizon, deviennent presque parallèles à cette paroi sans pénétrer. Dès lors, on peut dire théoriquement parlant, que cette direction équatoriale conviendrait bien mieux encore aux pays chauds qu'aux contrées du Centre et du Nord.

Flügge, calculant les rapports à établir entre la hauteur des bâtisses et la largeur des rues, pour une insolation égale, dans les orientations méridienne et équatoriale, obtient les chiffres suivants, la hauteur des maisons étant supposée égale à l'unité $h = 1^m$:

Latitude	Largeur des rues	
	Orientation méridionale N.-S.	Orientation équatoriale E.-O.
40°.	1m,33	2m,30
45°.	1, 71	2, 97
50°.	2, 38	4, 12
55°.	3, 82	6, 62
60°.	9, 50	16, 46

C'est-à-dire qu'à 45° de latitude, là où l'orientation du Nord au Sud comporterait, toutes choses égales d'ailleurs, une rue large de 1^{m},71, l'orientation Est-Ouest exigerait une largeur de 2^{m},97 ; qu'il faudrait, à 60° de latitude, 9^{m},50 dans le premier cas et 16^{m},46, dans le second cas ; soit des rues de largeurs presque doubles avec l'orientation équatoriale. Par suite, en tenant compte seulement de l'élément rue, on peut conclure que l'orientation dirigée du Nord au Sud est certainement celle qui donnerait le maximum de lumière et de chaleur solaires. Ce résultat, qui est excellent en hiver, au printemps et à l'automne est parfaitement compatible avec l'été, attendu qu'en dehors des quelques heures où le soleil est au sommet de sa courbe il y aurait formation d'une assez large zone d'ombre alternativement sur l'un et l'autre trottoir, le matin et l'après-midi.

Au *IIe Congrès international d'Assainissement et de Salubrité de l'Habitation* tenu à Genève en 1906, MM. Barde, architecte et Pidoux, astronome, examinant eux aussi, par le calcul, la direction à donner à une rue pour que ses deux façades opposées reçoivent la même quantité d'insolation, concluaient qu'il fallait prendre pour direction, celle de l'insolation maxima, alors qu'une façade fera front vers l'Est et l'autre vers l'Ouest, déviées d'un angle d'environ 19° vers l'Ouest ; la première aurait une durée d'insolation plus grande avec une température moindre et l'autre, une durée plus réduite compensée par une température plus élevée : elles se partageraient par égale portion l'insolation totale. Le *IIIe Congrès* tenu à Paris reprenant cette question n'a fait que voter le vœu suivant : « 1° que les voies nouvelles aient une orientation telle que l'aération et l'ensoleillement des immeubles soient assurés aussi bien que possible; 2° que, dans les agglomérations urbaines, la hauteur des maisons ne puisse excéder la largeur des rues sur lesquelles elles sont construites ».

Pour conclure, nous croyons, avec le Dr Yvert, que, pour tenir compte des avantages et des inconvénients de l'orientation méridionale et parer à ces derniers dans les limites du possible, il est préférable de recourir à des orientations intermédiaires Sud-Est—Nord-Ouest ou Sud-Ouest—Nord-Est, variables au surplus avec la direction des vents dominants dans la contrée, « pour cette autre raison également que, dans les climats froids, avec l'orientation purement méridienne, les vents du Nord seraient littéralement insupportables, aussi bien que dans les régions du Midi, le mistral ou le sirocco, à certains moments et à certaines époques de l'année ».

Quant à la disposition à donner aux voies pupliques principales, les avis sont également partagés selon que l'on se place au point de vue de l'hygiène ou aux points de vue de la circulation et de l'esthétique; les uns proposent le système en damier, cher aux Américains, c'est-à-dire la répartition des quartiers en vastes quadrilatères avec voies parallèles et à angle droit, les autres préfèrent, au contraire, le système rayonnant, sous forme d'éventail, copié sur la toile d'araignée. Le système en damier est certes monotone, peu ou pas commode pour les relations et les courses, il fait même perdre beaucoup plus de terrain que le système rayonnant, mais il est hygiéniquement préférable à celui-ci, attendu qu'il est seul capable de fournir le maximum d'air, de lumière et d'ensoleillement qu'on recherche en toute circonstance. Ses partisans font observer qu'en outre, avec ses voies longues, larges, se coupant à angle droit, la surveillance, à tous les points de vue devient beaucoup plus simple, plus commode et qu'en ce qui concerne notamment le fonctionnement de la technique sanitaire des rues, ce fonctionnement ne peut qu'y gagner beaucoup sous tous les rapports. Un autre système est également proposé ; la distribution par îlots hexagonaux, recommandé en 1882 par Badoureau et repris par Müller en 1908 ; il présenterait, au dire de bien des hygiénistes, de sérieux avantages à tous les points de vue.

Plantations et espaces libres. — Les arbres plantés sur les boulevards, les avenues et les places jouent un grand rôle dans la salubrité des villes ; ce sont, en effet, autant d'agents modificateurs de l'atmosphère ambiante et d'éléments d'assainissement du sol. Les feuilles absorbent l'acide carbonique de l'air et le transforment en carbone qu'elles s'assimilent et en oxygène qui se répand dans le milieu que nous respirons. La majeure partie de cet oxygène serait même exhalée à l'état d'ozone, gaz reconnu actuellement comme ayant une grande influence sur la morbidité et la mortalité. Enfin, les arbres absorbent une quantité considérable de l'humidité atmosphérique ; il a été calculé, nous dit le Dr Yvert, qu'un marronnier en pleines feuilles absorbait un hectolitre d'eau en vingt-quatre heures. Or, en plus de l'absorption par le feuillage, l'arbre agit d'une manière encore plus active à l'égard de l'humidité tellurique qu'il absorbe par l'intermédiaire de ses innombrables racines. D'après l'observatoire de Montsouris, il résulterait que, pour une évaporation à la surface des feuilles estimée à 150 ou 200 grammes, le végétal auquel appartiennent ces feuilles, consommerait, sous l'influence de la lumière solaire et par voie de transpiration, près de 1 000 grammes d'eau. Comme on le remarque, la quantité de liquide qu'est susceptible d'enlever aux terrains du voisinage, la plantation d'un boulevard ou d'une avenue, est relativement considérable. Mais l'arbre n'est point qu'utile au point de vue de l'assainissement et de la salubrité publiques, l'ombre qu'il projette rend de signalés services pendant l'été en évitant parfois de mortelles insolations. Son influence à tous les points de vue est donc grande, c'est ce qui explique que les hygiénistes proposent de le mettre également dans toutes les rues à largeur suffisante et à condition qu'il ne prive pas d'air et de lumière les maisons voisines ; cette question a été examinée dans ce sens lors de l'*Exposition allemande d'Hygiène* tenue à Dresde en 1883 et au *Congrès international d'Hygiène* tenu à Bruxelles en 1903.

Les avantages, qu'on se plaît à reconnaître aux plantations des voies publiques, doivent être, *a fortiori*, accordés aux squares, jardins et parcs publics. Ces larges espaces, parfaitement aérés et ensoleillés, où chacun peut respirer à son aise et les jeunes enfants gambader pour leur plus grand bien, exercent par leur masse de verdure une influence morale considérable sur l'esprit des habitants ; en outre, ils contribuent grandement à la diminution de cet encombrement, de cette densité de la population que l'on commence maintenant à sérieusement réprouver, par suite des graves méfaits que forcément ils ne peuvent que produire. Aussi, depuis quelques années en France, crée-t-on au centre ou à la périphérie des grandes villes, soit des squares, soit de grands parcs publics, ou augmente-t-on ceux existants. C'est Paris, avec les bois de Boulogne (750 hectares) et de Vincennes (730 hectares), les Buttes-Chaumont (24 hectares), le Champ de Mars (44 hectares), les parcs Monceau (8 hectares) et de Montsouris (16 hectares), les jardins du Luxembourg (26 hectares), des Tuileries (21 hectares), les Champs-Élysées (30 hectares) ; Marseille, avec son Prado et sa Corniche ; Lyon, avec le beau parc de la Tête d'Or ; Bordeaux, avec son jardin des Plantes, les Quinconces et le parc de Caudéran ; Lille, avec son jardin Vauban et ses bois de Boulogne et de la Deule ; Toulouse, avec le Grand-Rond, le jardin Royal et le Jardin des Plantes, les Allées Lafayette et le Cours Dillon ; Montpellier, avec son Esplanade et les Allées du Peyrou ; Nantes, avec son magnifique jardin botanique ; Nancy avec sa Pépinière si pittoresque, etc.

Bien que nos pouvoirs publics comprennent maintenant qu'il est nécessaire, pour la santé publique, d'établir des réserves d'air de distance en distance, le mouvement n'est pas comparable à celui existant à l'étranger. Dans une intéressante brochure, M. Hénard, architecte, comparant sous le rapport des squares et parcs intérieurs, Paris, Londres et Berlin, trouve que notre capitale ne possède que 46 parcs et jardins d'une surface totale de 263 hectares, alors que Londres possède plus de 40 parcs d'une superficie supérieure à 10 hectares, tels Richmond-Park (780 hectares), Putney-Heat

(360 hectares), Hyde-Park (240 hectares), Régent's-Park (160 hectares) et que Berlin en a 20 occupant 554 hectares (non compris, bien entendu, les forêts de Spandau et de Grünwald, soit plus de 5 000 hectares, parce que situées en dehors de l'agglomération berlinoise). L'infériorité est donc manifeste, et il est à souhaiter que, sous peu, on se mette d'accord en haut lieu sur la question de la désaffectation des fortifications, afin de donner à Paris, avide de plus d'air, de soleil et de liberté, comme le dit si poétiquement M. Benoît-Lévy, le propagandiste infatigable des Cités-Jardins, un véritable « diadème serti de fleurs et de verdure », et cela aussi bien dans l'intérêt de la santé publique que pour ajouter encore à sa beauté.

On ne peut parler des espaces libres sans toucher à cette autre question d'un intérêt considérable pour les villes, d'avoir des plans d'extension, d'alignement et d'embellissement, bien arrêtés, avec le pouvoir d'empêcher les propriétaires de construire à leur fantaisie ou en violation de ces plans et d'éviter ce que l'on a appelé *la plaie des rues particulières*, rues tracées trop souvent sans plan et sans l'équipement nécessaire. Presque dans ce sens, un projet de loi a été déposé en 1909 par M. Beauquier, député, pour imposer aux villes de plus de 10 000 habitants, l'établissement d'un plan d'extension et d'embellissement, lequel déterminerait les emplacements des jardins publics, parcs et espaces libres, fixerait la largeur des voies, leur direction, le mode de construction des maisons, et d'une façon générale, établirait toute servitude hygiénique ou artistique en vue de l'embellissement et de l'assainissement de la ville. Il serait vraiment temps que l'on songeât à voter cette loi d'ordre général et conforme aux intérêts de l'hygiène et du goût public.

Sur ce point, la législation étrangère est des plus pratiques. En Allemagne, les villes sont dans l'obligation de présenter au ministre des Travaux Publics un plan d'extension sur lequel elles prévoient, presque toutes, trois à quatre zones de développement plus ou moins éloignées du centre. La nature et la hauteur des constructions sont fixées par ordonnances de police et les municipalités sont autorisées à empêcher les constructions inharmoniques et à exproprier les îlots insalubres et tous terrains compris dans le plan d'extension. En général, les propriétaires riverains ont à supporter les frais de création de la rue et de son entretien.

En Angleterre, en vertu des lois, les villes peuvent dégager les quartiers populeux, raser les taudis, foyers de maladies, et les remplacer par des habitations salubres; la vente des espaces libres communaux est prohibée. En Autriche, il n'y a pas de loi sur les plans d'extension, mais des pouvoirs spéciaux sont accordés aux villes à la suite de votes émis par leurs conseils ; ainsi Vienne a été autorisé, en 1905, à acheter une ceinture de forêts et de prairies d'une surface totale de 1 720 hectares pour le prix de 46 millions de francs, ce qui fait que cette capitale possède, intérieurement et extérieurement, un vaste réseau de promenades, de magnifiques voies d'accès, de bois, de parcs et de jardins, mesurant plus de 5 300 hectares d'espaces libres. En Hollande, le plan d'extension est obligatoire, et pour les grandes villes telles qu'Amsterdam, ce plan doit comprendre, en dehors de l'ordonnancement des constructions intérieures, une vaste réserve d'espaces libres ; de plus, toute maison doit laisser autour d'elle un espace non bâti égal au quart de sa superficie.

En Belgique, les conseils municipaux ont toute latitude d'établir le plan général de leur ville, à la condition qu'il soit soumis à l'approbation royale et à l'avis du Conseil provincial ; des espaces libres peuvent être réservés sans indemnités et ce sont les propriétaires qui supportent les frais d'établissement des rues. En Suède, les villes sont tenues d'avoir un plan d'extension et d'y réserver des espaces libres ; les quartiers doivent avoir un aspect méthodique et des inspecteurs vérifient si les jardins décoratifs dont doivent être ornées les maisons sont tenus en bon état par les propriétaires. En Italie, le plan d'extension est facultatif, mais les villes qui en ont fait dresser un, se trouvent dans l'obligation d'acheter, au bout de 25 ans, les terrains réservés pour être aménagés en espaces libres.

Pour les terrains des particuliers, aucune prescription dans notre loi du 15 février 1902 et dans les modèles de règlements sanitaires communaux qui lui font suite, ne limite le droit de construction à une fraction de la surface. Comme le fait judicieusement remarquer le Dr Imbeaux, ingénieur en chef des Ponts et Chaussées, auquel nous empruntons les détails qui suivent, on s'est contenté pour les villes (modèle A) d'exiger, pour les cours, une superficie d'au moins 30 mètres carrés et une profondeur d'au moins 4 mètres. Et il oppose à cette réglementation, celle concernant la ville de Berlin qui exige qu'un tiers au moins de la surface du terrain reste sans être bâti, que les cours aient au moins 80 mètres carrés, qu'enfin les six premiers mètres touchant à la rue, une fois bâtis, le reste de la profondeur du terrain ne puisse l'être, selon les circonstances, que dans une proportion variant de cinq à sept dixièmes. A Cologne, il est établi quatre zones ; dans la première, où il n'est pas admis plus de quatre étages, on doit laisser non bâtie une surface variant entre 20 et 35 % de la surface du terrain ; dans la seconde, trois étages et une surface non bâtie variant de 35 à 50 % ; dans la troisième, 2 étages et une surface non bâtie égale à la moitié de terrain; enfin, dans la quatrième, également 2 étages et une surface non bâtie de 60 %, sauf pour les bâtisses aux angles de deux rues, où la proportion est abaissée de 10 %; dans cette même zone encore, deux bâtisses voisines doivent être séparées par un espace libre d'au moins 10 mètres.

La ville de Copenhague est également partagée en quatre zones; dans la première, on ne peut bâtir que sur un cinquième de la surface et à une distance de 12m,60 de l'axe de la rue, et la maison ne peut servir d'habitation qu'à une famille; dans la seconde zone, on peut bâtir sur un quart du terrain, placer la façade à 9m,40 du milieu de la rue et établir deux étages servant d'appartements; dans les troisième et quatrième zones, on peut construire sur un tiers de la surface, à 9m,40 de la rue et avec deux ou trois étages habitables; enfin, la hauteur des maisons ne doit pas dépasser une fois un quart la largeur de la rue ni le maximum de 18 mètres. A Vienne, une nouvelle réglementation ordonne, dans nombre de quartiers neufs, de laisser des jardins en avant des maisons et de ne les clore que par des grilles à jour avec un mur de base de moins de 1m,50 de hauteur; exception faite de quelques parties de la ville, on exige que les maisons ne soient pas contiguës et qu'il soit laissé de chaque côté un espace libre d'au moins trois mètres de large; toutefois, deux maisons voisines peuvent être accolées à condition qu'elles ne présentent pas plus de 36 mètres de largeur de façade ensemble, et on doit alors laisser à chaque extrémité du groupe de 3 à 6 mètres de longueur libre, selon que la façade à moins de 15 mètres, ou de 15 à 30 mètres.

Ainsi, aussi bien à l'égard des espaces libres publics que des espaces libres particuliers, nos règlements municipaux et notre législation sanitaires sont inférieurs à ceux des autres pays.

Contamination de l'air des villes par les poussières de la voie publique. — L'atmosphère urbain peut être également contaminé par des germes pathogènes suspects ou simplement putrides d'origines cutanée, intestinale et urinaire, buccale et pulmonaire, par l'intermédiaire notamment des courants d'air soulevant les poussières déposées sur la chaussée des voies publiques. Si ces germes peuvent se transmettre directement et avant d'être tombés sur la chaussée, le plus souvent, ils sont rapportés avec la boue ou la poussière; celles-ci pénètrent dans nos habitations de mille façons, par nos chaussures, nos habits, voire même par notre peau; elles souillent les animaux domestiques, les voitures et les objets de toutes sortes déposés momentanément dans la rue. Les poussières entrent encore dans nos immeubles par les fenêtres, ce qui fait que les riverains des voies poussiéreuses, telles celles parcourues par les automobiles, se trouvent fort exposés à l'invasion de toutes sortes de microbes ; il arrive même à l'égard de ces maisons que leurs habitants, pour éviter l'introduction de poussières par les fenêtres, n'ouvrent ces dernières que le moins souvent possible, restant ainsi dans un air insuffisamment renouvelé, ce qui diminue leur faculté respiratoire ; de plus, les arbres plantés sur la voie ou dans le jardin au-devant de la maison ayant leurs feuilles recouvertes de poussière, s'ils ne meurent, tout au moins ne remplissent plus leur mission de régénérateurs d'oxygène.

Les poussières des voies publiques sont des particules de cette boue desséchée qu'on trouve aussi bien dans les grandes artères des villes populeuses que sur les larges voies de communication, sur les promenades et sur les places publiques. Lorsqu'on les analyse, on y rencontre de tout : matières organiques, chaux, potasse, silice et argile, matières minérales, acides phosphorique et carbonique, etc., et surtout, au point de vue hygiénique, une multitude de microorganismes de toutes sortes. Le Dr Aitken a trouvé qu'en moyenne, chaque centimètre cube d'air contient, dans Paris, 210 000 particules de poussière et seulement 150 000 dans Londres ; quant aux germes, d'après Miquel, ils atteindraient jusqu'à 2 400 000. Dès lors, ne peut être que dangereuse la diffusion dans l'atmosphère qui nous entoure, dans l'air que nous respirons, de ces particules de poussières si minimes soient-elles, qui flottent de tous côtés, soulevées par les vents et qui peuvent pénétrer dans notre organisme, soit par ingestion, soit par inhalation, c'est-à-dire par le tube digestif ou par l'appareil respiratoire.

Il est prouvé que, dans la plupart des cas, la transmission de la tuberculose se fait par l'intermédiaire de l'air, grâce aux fines particules de poussières qui servent de moyens de transport au bacille de Koch, cause immédiate, spécifique de la maladie en question. D'après les observations cliniques, on admet que sur 100 tuberculeux, 99 le deviennent par inhalation. Les travaux de Flügge ont montré que les dangers de contagion par inhalation dans la tuberculose n'étaient pas seulement créés par les crachats bacillifères desséchés et inspirés ensuite sous forme de poussières sèches ; en parlant, en toussant, en éternuant, le tuberculeux projette autour de lui de fines gouttelettes qui disséminent et transportent le contage à une certaine distance.

La propagation de la fièvre typhoïde par l'air est un fait admis à la suite des études de Brouardel, Miquel, Laveran et Chantemesse ; elle peut se faire également, d'après le Dr Tichborne, par les gaz d'égout et par l'eau qui jouerait même le rôle le plus prépondérant dans la contamination, la dissémination de cette maladie infectieuse.

Cependant, Koch dans un ouvrage, qui a fait grand bruit: *La lutte contre la fièvre typhoïde*, bat en brèche l'extension par trop considérable donnée, dans certains milieux scientifiques, à la théorie hydrique; pour lui, la fièvre typhoïde est bien plus susceptible de se propager par contagion directe ou indirecte à l'aide de tous les intermédiaires imaginables. La question, comme on le voit, est controversée, mais si l'on doit reconnaître que la propagation des bacilles d'Eberth, par les poussières et le balayage des rues, n'est pas aussi fréquente et aussi immédiatement redoutable que celle des microbes de la tuberculose, les chances de contagion n'en restent pas moins assez grandes et assez sérieuses, parce que si, en quelques heures souvent, la virulence du bacille de Koch est détruite par l'action microbicide des rayons solaires, et même par la lumière diffuse, les bacilles éberthiens sont, en raison de leur plus grande vigueur, bien plus difficiles à détruire. Et comme on a beaucoup de chances de les rencontrer dans les rues, au milieu de la boue, dans les poussières, dans les détritus de toute nature, il faut d'admettre que l'on doit forcément courir quelque risque, quelque danger de contamination, du fait de la présence de ce germe sur les voies que nous sommes appelés à parcourir.

En ce qui a rapport à la dysenterie, qui est une maladie d'origine essentiellement hydrique, l'air semble pouvoir également servir de véhicule au contage; elle se montre souvent, en effet, parmi des personnes exposées aux émanations méphitiques se dégageant de certaines fosses d'aisances, des amas d'ordures et de fumiers, des cloaques, mares et eaux stagnantes ainsi que des champs d'inhumations insuffisants. La coqueluche, maladie extrêmement contagieuse, se transmet surtout par contage direct, mais il est probable que les particules de crachats projetées pendant les quintes jouent un rôle capital dans cette transmission. On conçoit, d'un autre côté, que les produits d'expectoration, qui semblent bien être les véhicules du contage, puissent se fixer en se desséchant sur les habits ou les linges, ou encore se mêler aux poussières de la rue et devenir ainsi, sous l'action des vents, une source de contagion.

La pneumonie ou fluxion de poitrine est une affection produite par un microbe pathogène, séjournant, lui aussi, dans l'appareil respiratoire et qui s'élimine également avec les produits d'expectoration; par conséquent, elle est susceptible de se transmettre par l'intermédiaire de crachats desséchés répandus sur la voie publique, alors encore qu'il est prouvé que ce microbe peut conserver sa virulence pendant plusieurs jours et même jusqu'à deux mois, pour peu qu'il soit placé à l'abri du contact de l'air, de l'oxygène et de la lumière solaire, conditions qui se trouvent réunies au maximum par les fissures des pavés des caniveaux, par l'accumulation en certains points des détritus et des poussières des rues.

A l'égard de la grippe, la contagion par l'air n'est pas admise par tous les médecins, si quelques-uns de ces derniers prétendent que cette maladie doit être mise au nombre des infections se transmettant par l'intermédiaire des grands courants atmosphériques, d'autres soutiennent que des poussières contenant le microbe de Pfeiffer, ne peuvent guère être entraînées dans l'atmosphère qu'à de faibles distances. Dans tous les cas, il suffit de savoir que l'agent spécifique de la grippe peut être projeté sur la voie publique par l'expectoration ou par l'expulsion de la salive.

L'agent contagieux de la variole, quand il se propage par l'atmosphère, est, sans doute, contenu dans des particules très fines provenant des produits de sécrétion de l'éruption et tenues en suspension dans l'air. Le virus varioleux est très tenace et peut rester longtemps fixé à des corps ou objets inertes, murs d'une maison, vêtements, instruments, etc., sans rien perdre de sa puissance; c'est ce qui explique l'extrême ténacité de cette maladie qui, malgré l'énergie des moyens préventifs, s'éternise parmi nous et existe dans les villes, du moins à l'état sporadique. L'infection s'opère probablement par la voie respiratoire.

La dissémination des germes de la rue ne

s'opère pas que par l'intermédiaire du vent soulevant les poussières, mais aussi d'autres façons : secouement par les fenêtres des tapis ou de linges souillés, enfin par le cardage de matelas non désinfectés en pleine rue. On ne peut nier que tous ces objets ne soient un danger pour la santé publique parce qu'ils peuvent parfaitement révéler des poussières provenant de malades atteints d'affections contagieuses : fièvre typhoïde, diphtérie, etc. La plupart, des règlements sanitaires locaux défendent bien tous ces faits, malheureusement les autorités veillent peu ou insuffisamment à leurs strictes observations.

Toutefois, si les poussières de la rue ont un caractère nettement pathogène, si leur diffusion dans l'atmosphère est dangereuse, du moins il faut reconnaître que, malgré la quantité réellement innombrable de microbes répandus dans l'air que nous respirons, les risques de contagion, ou plutôt le nombre de personnes contagionnées est, heureusement, relativement peu élevé. Cela tient à ce que, même les microbes qui, par inhalation, sont parvenus jusqu'au fond des alvéoles pulmonaires, n'y vivent pas longtemps et disparaissent dans des proportions considérables, à plus ou moins bref délai. Une fois de plus, la nature a placé le remède à côté du mal, car c'est précisément à l'action bactéricide des sécrétions bronchiques qu'est due, pour la plus grande part, cette destruction sur place des microorganismes inspirés.

Microorganismes de l'air, odeurs, fumées et poussières industrielles. — En plus des éléments constituant l'air atmosphérique : oxygène, azote, argon, néon, etc., on trouve aussi, en des proportions variant avec les villes et leurs industries, un certain nombre d'éléments accidentels : de la vapeur d'eau, de l'acide carbonique, des traces d'ozone, de l'ammoniaque, des nitrites et des nitrates, des carbures d'hydrogène, de l'hydrogène sulfuré, des gaz sulfureux, de l'oxyde de carbone, des fumées et des poussières, soit organiques, soit inorganiques.

L'oxygène est un agent nécessaire à la vie animale et végétale ; un homme adulte en absorbe par heure, sur les 417 litres d'air que ses poumons aspirent, de 19 à 25 litres. Quant à l'azote, bien qu'il participe pour une part importante à la constitution des animaux et des végétaux, il n'est, pour eux, assimilable que dans des conditions particulières. L'acide carbonique de l'atmosphère provient de toutes les combustions organiques résultant de la vie animale et végétale, ainsi que des combustions inorganiques qui s'opèrent à la surface du sol ou dans l'intérieur de la terre ; un homme adulte en rejette dans l'atmosphère environ 22 litres par heure. L'ammoniaque peut provenir, soit de décompositions organiques à la surface du sol, soit des évaporations à la surface de la mer. La plupart des autres gaz sont fournis par les putréfactions, par les productions industrielles, par toutes les fonctions dépendantes de la vie des agglomérations humaines. Quant aux fumées et aux poussières de l'air que l'on appelle parfois des immondices aériennes, elles jouent en hygiène, comme nous allons le voir, un rôle considérable.

L'air des villes est donc vicié par une multitude de causes diverses qui ont pour conséquence de diminuer la quantité d'oxygène et d'augmenter la quantité d'acide carbonique. Si, dans les villes bien construites, ce fait est à peine perceptible, dans celles qui laissent à désirer sous ce rapport, la quantité d'acide carbonique peut s'élever jusqu'à 0,15 %, tandis que le chiffre de l'oxygène diminue en proportion. On comprend dès lors l'importance des vents régnants dans une ville, au point de vue de la salubrité de son atmosphère, autrement dit, partout où l'air d'une ville est brassé et renouvelé, il devient plus favorable à la santé que dans les endroits où l'atmosphère est stagnante.

Parmi les impuretés gazeuses qui souillent l'air des villes, certaines répandent des odeurs méphitiques pouvant s'étendre jusqu'à plus de 10 kilomètres de leurs points de production. Ces odeurs proviennent de matières organiques en putréfaction comme la stagnation des eaux, des chaussées et des ruisseaux, les dépotoirs, les mégisseries, les usines de produits chimiques ; ainsi les fabriques d'ammoniaque déversent dans l'atmosphère du sulfhydrate d'ammoniaque et de l'hydrogène sulfuré et arsénié, les fabriques de soude, de l'acide chlorhydrique, les fabriques de vernis et les fonderies de suif, des acides gras volatils, les usines de caoutchouc vulcanisé, du sulfure de carbone, etc. Il y a aussi les gaz lancés dans l'atmosphère par la combustion, c'est-à-dire par les cheminées d'usine. D'après des analyses d'Armand Gautier, la viciation de l'air de Paris par les gaz de combustion se traduit par une teneur double en carbone et un excès de plus d'un tiers d'hydrogène relativement aux proportions de ces gaz observés dans l'air de la campagne ; l'oxyde de carbone de l'atmosphère de Paris ne dépasse pas, en moyenne, un demi-volume pour un million de volumes d'air, alors même que les conditions sont les plus mauvaises, c'est-à-dire que le temps est calme et que la combustion est au maximum. Il n'est pas démontré, néanmoins, déclare le Dr Proust que cette minime proportion d'oxyde de carbone doive être considérée comme inoffensive et il cite, à ce sujet, les études de Gréhant, Desgrez et Nicloux, sur l'action toxique de ce gaz aux plus faibles doses.

Les fumées sont des poussières dérivant de la

combustion ; qu'elle s'opère dans un foyer industriel ou domestique, — d'après A. Gautier, à Paris, 80 % des fumées sont produits par les foyers domestiques, — la combustion déverse dans l'atmosphère des particules de charbon et des cendres entraînées avec de la vapeur d'eau. Quand elles infectent l'air, ces fumées y condensent l'humidité et contribuent pour une large part à la persistance des brouillards qui enveloppent certaines villes. Il en résulte de multiples inconvénients indiqués par W. Ramsay au *Congrès de Glasgow* en 1896 : dépôts de résidus noirs sur les maisons, les habitants et les vêtements ; refroidissement du climat par la condensation des vapeurs atmosphériques, des brouillards et de la pluie ; diminution de l'insolation ; développement et pullulation grandement augmentés des bactéries dont beaucoup sont pathogènes ; accumulation dans l'atmosphère, sous forme de brouillards, de l'élément qui est précisément capable d'absorber les rayons bleus, violets et ultra-violets que l'on a démontrés être destructeurs de bactéries. D'après le rapport de A. Gautier et Gréhant au *Conseil d'hygiène et de salubrité de la Seine* (1901), en dehors des gaz produits par la combustion, les fumées de Paris contiennent, comme éléments solides, des parties goudronneuses, des hydrocarbures, divers (phénols, benzine, gaz des marais, composés nitreux et même de l'acide cyanhydrique), des charbons très divisés et des substances d'origine minérale (sulfates, phosphates, carbonates, silicates terreux et alcalins, silice libre, etc.). Ces produits déposent, sur la capitale, une couche de matières solides qui représente annuellement un poids de 160 tonnes et la nuée que forment ces fumées et qui enveloppe Paris s'étend à 1 ou 2 kilomètres de ses dernières maisons. Sur 100 grammes de suies déposés par ces fumées, il y a 4 à 5 grammes d'acide sulfurique et 1gr,5 à 2 grammes d'acide chlorhydrique. Un pareil dégagement de gaz acides et corrosifs n'est pas sans inconvénient pour la santé publique.

Les poussières industrielles souillant l'atmosphère sont constituées par des particules d'origine inorganique ou organique ; comme l'a montré Tyndall, elles sont presque entièrement combustibles, selon que l'on analyse l'air extérieur ou celui de l'intérieur des locaux habités. Tissandier prétend qu'un mètre cube d'air peut renfermer 6 milligrammes de particules solides dont 66 à 75 % sont inorganiques, le restant étant d'origine organique. D'après Miquel, un mètre cube d'air de Paris contient 23 milligrammes de poussières pendant les sécheresses et seulement 6 milligrammes après des pluies abondantes.

Dans les agglomérations urbaines et surtout dans les centres industriels, les poussières inorganiques contenues dans l'atmosphère comprennent des parcelles de métaux, de minerai, de charbon, de ciment, de chaux, de gypse, provenant, ces derniers, des matériaux de construction ; l'usure des chaussées met en liberté des fragments de matières calcaires et siliceuses. Ces poussières sont d'autant plus dangereuses que les particules qui les composent sont à angles plus aigus et sont, par suite, plus offensives pour les poumons ; les parcelles métalliques sont pour cette raison fort à craindre. Les poussières organiques sont animales ou végétales ; elles comprennent des débris de petits insectes, des œufs d'infusoires, des poils, des fibres musculaires, des débris textiles, laine, coton, chanvre, des grains d'amidon, des parcelles de farine, d'os, des poussières de certains arbres dont quelques-unes comme celles provenant du platane sont extrêmement irritantes, des pollens, etc. Toutes ces poussières organiques sont de nature à altérer nos fonctions respiratoires ou digestives, quelques-unes renfermant des microorganismes pouvant exercer une action pathogène.

Les microorganismes de l'air proviennent du sol ou des eaux. Les poussières du sol soulevées par des courants d'air violents, entraînent les germes dans l'atmosphère, et ainsi une bonne partie de ces poussières reste constamment en suspension. D'un autre côté, des gouttelettes chargées de microbes sont enlevées par les vents venant balayer la surface des eaux, ce qui fait que les fines particules humides en s'évaporant, abandonnent à l'atmosphère les microorganismes qu'elles peuvent renfermer. Il est évident que le nombre des microbes de l'air ne peut que varier avec les villes et qu'il dépend de la différence d'apport des germes, les agglomérations humaines en fournissant un nombre très grand, les lieux peu ou pas habités n'en donnant qu'une très petite quantité; qu'aussi, différents facteurs exercent une action nuisible sur ces microbes, notamment la dessiccation, l'insolation, la ventilation, l'influence du froid. Également, le nombre des microorganismes de l'air varie avec les saisons; ainsi il croît, en général, progressivement pendant le printemps et l'été, pour diminuer ensuite jusqu'à la fin de l'hiver.

Ci-dessous, quelques chiffres indiquant les différences de la teneur de l'air en microorganismes selon les milieux :

	Bactéries par mètre cube
Air pris à moins de 100 kilomètres des côtes (moyenne)	1,8
Air des hautes montagnes (analyses de Freudenreich)	1 à 3
Air de Paris au sommet du Panthéon .	200
Air du parc Montsouris (moyenne de 5 ans)	480
Air de la rue de Rivoli (moyenne de 4 ans)	3 480
Air des maisons neuves de Paris (1883).	4 500
Air des vieilles maisons	36 000

Les mesures à prendre pour éviter ces gaz, odeurs et immondices aériennes sont nombreuses et intéressent plus particulièrement l'hygiène industrielle; toutefois notons que les hygiénistes proposent l'éloignement hors de la ville ou du moins dans les quartiers excentriques, comme la chose se fait à Vienne, des usines et des fabriques ; pour celles à tolérer en ville et pour toutes, en général, utilisation de combustibles de bonne qualité, ne contenant que peu de soufre, et autant que possible l'emploi de coke et d'anthracite.

Inconvénients des cimetières. — Les cimetières intéressent au plus haut point la salubrité publique. Il est, en effet, prouvé que lorsqu'une terre est en quantité insuffisante par rapport à la masse des cadavres qu'elle renferme, les corps subissent une sorte de saponification plus ou moins complète ; ce fait se produit surtout dans les fosses communes et plus particulièrement dans les couches inférieures de cadavres. Dès lors, il peut arriver un moment où le sol d'un cimetière sera saturé et ne pourra plus remplir son rôle ; dans ces conditions, il abandonnera à l'atmosphère des émanations nauséabondes et nuisibles qui pourront porter atteinte à la santé des vivants.

Le processus de la destruction des cadavres enfouis dans la terre est semblable à celui qui régit la transformation des souillures du sol traité dans notre ouvrage : *Hygiène de l'Habitation*. Il s'opère un travail biologique de putréfaction et d'oxydation aboutissant à la destruction de la matière organique laquelle se transforme finalement en ammoniaque, et en nitrates utilisables à nouveau par les végétaux. Par suite, la destruction des corps sera d'autant plus rapide que le sol sera plus favorable au développement des germes nitrifiants, c'est-à-dire qu'il sera plus sec et plus poreux.

Les cimetières et les inhumations sont régis par le décret du 15 prairial an XII, le décret du 7 mars 1808 et l'ordonnance du 6 décembre 1843 ; les dispositions ainsi prescrites doivent être considérées comme des minima en raison des modifications imprévues qu'ont amenées les circonstances et surtout le développement des villes. Il y est dit que les terrains les plus élevés et exposés au nord seront choisis de préférence, qu'ils seront clos de murs de 2 mètres d'élévation au moins et abrités d'arbres sans pour cela que la circulation de l'air en soit gênée. Chaque inhumation aura lieu dans une fosse séparée, de $1^m,50$ à 2 mètres de profondeur sur $0^m,80$ de largeur, laquelle fosse sera ensuite remplie de terre bien foulée. Les fosses seront distantes les unes des autres de $0^m,30$ à $0^m,40$ sur les côtés et de $0^m,30$ à $0^m,50$ à la tête et aux pieds. Enfin pour éviter le danger qu'entraîne le renouvellement trop rapproché des fosses, l'ouverture des fosses n'aura lieu, pour de nouvelles sépultures que de cinq en cinq années, et, par suite, les terrains destinés à servir de sépulture, devront être cinq fois plus étendus que l'espace nécessaire pour y déposer le nombre annuel des morts. Les cimetières devront être à la distance de 35 ou 40 mètres au moins de la ville. Quant aux maisons nouvelles, elles ne peuvent être édifiées, ni aucun puits foré à moins de 100 mètres des cimetières. Relativement aux cimetières supprimés, il est établi que le sol ne pourra être mis dans le commerce que dix ans après les dernières inhumations. A l'étranger, les prescriptions sont bien plus rigoureuses.

D'après Tardieu, pour que l'hygiène publique soit satisfaite, on devrait pouvoir réaliser les conditions suivantes, du moins le plus possible. Les cimetières devraient être placés au nord et à l'est des villes et, si faire se peut, à l'abri des montagnes ou des forêts; il s'agit, en effet, d'atténuer l'intensité des émanations pouvant s'échapper des terrains des inhumations et de les mettre en rapport avec des vents froids et secs, dont l'influence est infiniment moins nuisible que celle des vents chauds et humides (vents du sud et de l'ouest) qui augmentent l'activité de la putréfaction. Un rideau d'arbres séparera le cimetière d'avec la ville, le cours d'une rivière serait encore une protection très utile. On préfèrera les endroits élevés et secs aux terrains bas et humides. Enfin, on ne devrait point ouvrir une fosse pour de nouvelles inhumations avant que la décomposition des cadavres soit complètement accomplie, ce qui est loin d'être observé dans bien des cimetières de ville.

Il est évident qu'il faut choisir des sols aptes à hater la décomposition et ensuite ne point leur permettre d'arriver à l'état de saturation dont nous parlons plus haut. Dans cet ordre d'idées, la proximité d'une nappe d'eau ou d'un roc dur sont deux conditions également défavorables et qu'il faut soigneusement éviter. Les eaux provenant d'une nappe sous-jacente à un cimetière et peu éloignées de la surface du sol doivent toujours être tenues pour suspectes, surtout si l'on se trouve en présence de terrains calcaires fréquemment fissurés. On doit s'assurer, en outre, que le niveau du cimetière, par rapport au cours d'eau voisin est suffisamment élevé pour le mettre à l'abri de toute inondation. Il est admis que, dans un cimetière, les plantations sont utiles à l'assainissement du sol, ce sont autant de drains verticaux ; également, que le drainage du sol est une bonne précaution pour prévenir tous les inconvénients qui découlent d'un terrain humide. Les résultats obtenus par Coupry à Nantes et à Saint-Nazaire où les terrains étaient argileux et humides en font foi. On peut recommander aussi d'entourer le cimetière d'un grand fossé périphérique d'au moins 3 mètres de profondeur, faisant l'office de collecteur ; bien entendu, l'évacuation et l'épuration de ces eaux de colature seront soigneusement assurées.

Dans un sol convenable, tous les produits intermédiaires de la putréfaction, sauf probablement les hydrogènes carbonés, sont absorbés et oxydés. Les produits d'oxydation sont entraînés par les eaux et l'acide carbonique s'écoule par simple gravitation ; la terre ne se charge pas de matières organiques et l'atmosphère qui règne dans la profondeur, n'est pas différente de celle qu'on rencontre dans les terres cultivées. Cela résulte des expériences de Schutzenberger.

Le Dr Proust prétend que quelques-uns des inconvénients que nous venons d'indiquer tiennent à la mauvaise conservation des cercueils, autrement dit, les bières devraient être construites en vue de l'usage auquel elles doivent servir. Si l'on veut que le corps se décompose rapidement, abandonnant ses éléments à la terre qui l'environne, on l'ensevelira dans une bière en bois léger, à parois minces et placée directement en contact avec la terre ; au contraire, si on veut le conserver ou le transporter, on l'enveloppera d'un ou de deux cercueils dont le plus extérieur sera en plomb, les joints étant bien soudés de façon à ce qu'il ne s'échappe aucun gaz délétère. Au lieu d'introduire dans le cercueil même, comme les règlements l'imposent, de la sciure de bois pour absorber les liquides du cadavre et des matières désinfectantes pour neutraliser les émanations, il conseille, pour le cas de la conservation, de pratiquer des injections qui préserveraient le corps de la décomposition putride. Destruction ou conservation, voilà, en effet, les deux termes auxquels doit tendre une bonne police hygiénique en matière d'inhumation, et cela, pour que la santé publique n'ait point à en souffrir. Notons seulement, cette question n'entrant pas dans notre cadre, alors encore que si elle a ses partisans, bien plus nombreux sont ses adversaires, que l'on propose pour la destruction des cadavres, l'incinération au moyen de fours ou d'appareils dont les principes sont divers.

Vidange et transport des matières fécales. — Parfois encore, dans certaines villes, du moins dans leur banlieue, les eaux-vannes et les matières excrémentitielles suivent le sort des eaux ménagères ; cette pratique, très fâcheuse pour l'hygiène publique, tend cependant à disparaître, la police veillant. Souvent aussi, on les recueille à part, mais on voudra bien reconnaître qu'il ne peut en résulter aucun avantage hygiénique si on les dirige vers des fosses sans fond, véritables puisards perméables, par suite, extrêmement dangereux. Il serait donc préférable de les recevoir dans des récipients mobiles, tonneaux, tinettes, etc., à la condition d'enlever les récipients et de les transporter, soit dans les champs voisins où les matières sont employées à l'état frais comme engrais, — c'est l'engrais vert ou engrais flamand, — soit dans des dépôts spéciaux où elles sont appelées à subir certaines préparations destinées à en faciliter l'utilisation agricole ; par contre, ces récipients deviennent une plaie dans les villes si on se laisse aller à la déplorable habitude de les vider au plus près et de pratiquer ce qu'on pourrait dénommer à juste titre, le *tout à la rue*. Mais l'usage est bien plus répandu de les laisser s'emmagasiner dans des fosses fixes maçonnées, de dimensions assez considérables pour qu'elles puissent s'y accumuler et que les enlèvements finalement nécessaires soient espacés par d'assez longs intervalles. Si l'on compare entre eux ces deux procédés, fosses mobiles ou fosses fixes, on doit reconnaître que le premier malgré les ennuis et la dépense résultant de fréquentes manutentions, est supérieur au second au point de vue de l'hygiène, puisque les matières sont éloignées avant toute fermentation dans la plupart des cas, tandis que cette fermentation est inévitable dans les fosses fixes et qu'elle tend à répandre, dans l'habitation et aux abords, des odeurs infectes, des gaz délétères ; en outre, cette extraction de matières fermentées est une opération répugnante et qui n'est jamais sans danger, malgré tous les perfectionnements que l'on apporte à la méthode et à l'outillage. Quant au transport des matières et au mode d'utilisation, ils constituent, dans un cas comme dans l'autre, un problème difficile à résoudre, aussi ne reçoit-il très souvent qu'une solution médiocre, au grand préjudice de la région avoisinante pour laquelle les dépotoirs et les voiries deviennent, au premier chef, des établissements insalubres.

Tantôt en bois et en forme de tonneau, tantôt constituée par un réservoir cylindrique en métal, la fosse mobile se place au pied du tuyau de chute auquel on la relie par un raccord dont l'étanchéité doit être complète, et dans un petit local où tout doit être disposé pour rendre aussi aisées que possible les manutentions. Le tuyau de chute prolongé jusqu'au-dessus de la toiture de l'immeuble assure l'aération de l'appareil ; parfois un autre tuyau parallèle est destiné à ventiler le local. On comprend que la surveillance de cet ensemble doit être assidu, si l'on veut éviter, par des enlèvements toujours opérés en temps utile, les débordements de matières, malheureusement fréquents, qui répandent des odeurs infectes dans l'immeuble et nécessitent un nettoyage difficile et désagréable. On a cherché, afin d'avoir à les enlever moins souvent, à désinfecter les matières à leur arrivée dans la tinette ou à les enrober dans une substance pulvérulente (terre sèche, cendres, tourbe, etc.) ; de là, les tinettes du système Goux encore utilisées par l'administration de la guerre et les cabinets d'aisance dits *earth closets* en Angleterre, et *torfstrenklosette* en Allemagne.

Dans les villes où la fosse fixe est en usage, il est presque toujours édicté une réglementation spéciale ; mais quelque soin qu'on prenne pendant la construction d'une fosse, malgré la surveillance, on peut dire qu'elle présente rarement une étanchéité absolue : la maçonnerie se fissure, l'enduit se fendille, les liquides s'échappent, s'infiltrent dans le sol environnant, s'il n'est pas fait en temps utile les réparations minutieuses voulues. On a même vu des propriétaires provoquer ces infiltrations en perçant à propos un trou, sans se soucier des conséquences fâcheuses d'un semblable procédé clandestin, mais parce qu'ils réalisaient de cette façon des économies en espaçant ou en supprimant même les enlèvements de matières. Avec la fosse fixe, il est encore possible aux propriétaires d'organiser la guerre à l'eau, d'éviter les projections d'eau dans la fosse, au risque d'empester leurs immeubles par les émanations des cuvettes ou des canalisations peu ou point lavées, afin de réduire autant que cela se peut les frais d'extraction.

En tous cas, la fermentation détermine dans la fosse la production de gaz en quantité assez considérable et dont l'issue s'opère par un tuyau d'évent lequel monte jusqu'au faitage de l'immeuble. Ce tuyau d'évent peut, en un moment, pour une cause quelconque, se trouver obstrué ; dès lors, les gaz se mettant en pression, tendront à s'échapper par toutes les ouvertures possibles; tampon, joints, donnent lieu à des odeurs désagréables et, parfois, à des explosions et à des accidents graves. Et lorsqu'il fonctionne, l'inconvénient du tuyau d'évent est de diffuser dans l'atmosphère des gaz lesquels par certains temps, s'accumulent dans les couches inférieures de l'air, ce qui fait qu'il se répand dans les rues des odeurs malodorantes et caractéristiques. On peut donc conclure comme M. Bechmann, ingénieur en chef des Ponts et Chaussées, ancien chef du service des eaux et de l'assainissement de Paris, que les fosses, lorsqu'elles sont en grand nombre dans une agglomération importante, au milieu d'une population dense, constituent une véritable plaie qu'au nom de l'hygiène on ne saurait combattre avec trop d'énergie.

La multiplication des fosses implique enfin l'organisation d'un service de vidange qui n'est pas non plus exempt d'inconvénients. Pour les fosses mobiles ou tinettes, ce service consiste dans l'enlèvement périodique des récipients pleins et leur remplacement par des récipients vides, nettoyés et stérilisés ce qui suppose l'emploi d'un double matériel et de dispositifs destinés à faciliter la pose ou la dépose des récipients et leur raccordement avec les tuyaux de chute. Ce système de tinettes mobiles interchangeables est appelé, en Allemagne, où il est utilisé dans quelques villes : Heidelberg, Stuttgard, Weimar, Augsburg, Carlsruhe, *abfuhrsystem* ; parfois, les fosses mobiles sont montées sur deux ou quatre roues, selon leur importance, de façon qu'un homme ou un cheval puisse les emmener facilement. Le plus souvent, les tinettes sont de dimensions assez réduites pour qu'on puisse les enlever à bras, soit à la manière des barriques de vin, soit au moyen de barres qu'on passe dans les étriers établis dans ce but, soit enfin à l'aide de bretelles. Grâce à une obturation hermétique, tout déversement durant le transport est évité, et il est possible de charger les tinettes dans des véhicules clos, ou même sur de simples baquets sans choquer la vue non plus que l'odorat puisque les matières n'ayant pas encore subi de fermentation, n'émettent point de gaz infects. Aussi l'opération se fait-elle presque toujours pendant la journée sans soulever des plaintes.

La vidange des fosses fixes est plus compliquée, parfois dangereuse, en raison des gaz délétères et inflammables pouvant s'en dégager. Quand on la fait par les procédés primitifs, c'est-à-dire en puisant au moyen de seaux ou de pompes à bras les matières accumulées et en les chargeant dans de grandes tonnes sans préparation préalable, des odeurs pestilentielles s'épandent aux environs, tandis que les hommes qui se livrent à ces manutentions sont exposés à tout moment aux effets du sulfhydrisme et menacés d'asphyxie ou de brûlures. Alors même qu'on opérerait ce travail répugnant aux heures les plus avancées de la nuit, il n'en constitue pas moins une pratique odieuse, qui doit être irrévocablement condamnée, encore que l'on utiliserait des désinfectants (sulfate de fer, de zinc et autres), afin de le rendre moins pénible et moins odorant. A l'heure actuelle, du moins dans les grandes agglomérations, on a substitué à cet ancien procédé celui dit *atmosphérique* qui consiste à faire le vide au moyen de pompes à vapeur dans des tonnes métalliques hermétiquement fermées et que des tuyaux mobiles étanches mettent en communication avec la fosse, système qui réalise l'aspiration dans un temps fort court et avec le minimum de danger et d'incommodité. Il est même possible de diminuer celle-ci en pratiquant cette vidange par le vide sans l'intermédiaire de la locomotive laquelle forcément répand sa fumée un peu dans toutes les maisons voisines tout en faisant pas mal de bruit non moins désagréable le jour que la nuit, au moyen de tonnes pneumatiques dont le vide est produit par l'explosion d'un mélange détonnant formé d'un certain volume d'air et des vapeurs d'un hydrocarbure de densité déterminée.

Mais, quand bien même on ferait appel aux procédés les plus satisfaisants, il n'en faut pas moins, après la vidange, que des hommes descendent dans la fosse fixe pour ramasser les corps solides que la pompe n'a pu enlever, pour laver le radier et les parois, en vérifier l'état, y faire les réparations nécessaires, etc., et malgré toutes les précautions, malgré la surveillance la mieux organisée, des accidents sont là pour rappeler qu'il y a, dans cette besogne, un danger sérieux en même temps qu'une cause grave d'insalubrité. Ces matières, une fois extraites de la fosse, il faut en assurer l'éloignement rapide ou la transformation pour qu'elles ne puissent plus nuire. Le transport par grandes tonnes métalliques, pour peu qu'il s'applique à de longs parcours, devient onéreux. Pour s'en dispenser, les entrepreneurs de vidange sont trop souvent tentés de se débarrasser de leur chargement en vidant les tonnes, soit dans la rivière, soit dans des égouts, s'il y en a, soit dans les ruisseaux de quelque rue écartée ; une surveillance sévère a seule raison de ces fraudes qui peuvent donner lieu à des accidents graves ou contribuer à la contamination des cours d'eau.

C'est pour diminuer les frais de transport qu'on établit en 1849, à Paris, le dépotoir municipal où les tonnes étaient déchargées dans des citernes dont le contenu, repris ensuite par des pompes à vapeur, était refoulé dans des conduites de 11 kilomètres de longueur jusqu'à la voirie de Bondy. Dans un projet, l'inspecteur général des Ponts et Chaussées, M. Mille, proposait de conduire les vidanges de la capitale par de longues canalisations, jusque dans les champs où elles seraient utilisées comme engrais, et un essai fait sous sa direction à la ferme de Vaujours donna des résultats intéressants. Des installations de ce genre existent depuis quelques années à Lyon et à Bordeaux et y fonctionnent d'une manière satisfaisante; récemment, c'est à Angers que ce système a été appliqué. Dans cette dernière ville, les tonnes étant pleines sont dirigées vers un point central de l'agglomération, dans un poste où elles sont mises en communication avec un réservoir absolument étanche où le vide est maintenu d'une façon permanente. Elles sont vidées en deux minutes environ et leur contenu dirigé sur une usine située à Écouflant par une canalisation de refoulement.

Mais, le plus généralement, les matières fécales sont portées dans des voiries où elles subissent une préparation destinée à les transformer en un engrais moins répugnant et plus transportable. Le produit des fosses mobiles, mélangé à diverses substances parfaitement choisies, sert à confectionner des composts pour les cultivateurs du voisinage; celui des fosses fixes est soumis d'ordinaire à un traitement plus compliqué : dans un grand nombre de cas, on le transforme en poudrette par dessiccation à l'air dans des bassins étendus et peu profonds; le résidu pâteux de l'évaporation est découpé en mottes, séché par exposition à l'air, puis broyé, et l'on obtient de la sorte un engrais sec, sans odeur, mais assez médiocre, car la majeure partie de l'azote s'est échappée sous forme de composés gazeux en répandant au surplus, dans l'atmosphère, une horrible puanteur. Ce procédé, que l'hygiène, en même temps qu'une économie bien entendue, s'accordent à condamner, est de plus en plus remplacé par la fabrication du sulfate d'ammoniaque, mais la complication de ce traitement impliquant des installations coûteuses, fait qu'il est manifestement inapplicable dans les petites localités, et dans les grandes, les usines qui y sont consacrées constituent, quoi qu'on fasse, de redoutables foyers d'infection.

On a conseillé le déversement normal des eaux-vannes dans les égouts afin de parer aux multiples inconvénients de la vidange et du transport des matières fécales, et ainsi est né tout d'abord le système diviseur consistant en fosses métalliques mobiles, à double fond, placées au bas des tuyaux de chute des water-closets, de façon à retenir les solides, tandis que les liquides s'échappant par les ouvertures d'une cloison à jour passaient dans un conduit d'évacuation qui se terminait par une petite cuvette de déversement dans l'égout particulier en communication directe avec l'égout public ; on a proposé ensuite l'emploi de fosses septiques automatiques avec lits nitrifiants ; enfin, l'établissement sous la voie publique d'un réseau de canalisations spéciales qui recevraient les eaux-vannes, les matières excrémentitielles et, au besoin, les eaux ménagères. Nous aurons l'occasion de parler de ces dispositifs au chapitre des Égouts dans le second volume de l'*Hygiène des Villes*.

VOIE PUBLIQUE

Souillures banales de la voie publique. — En plus des germes pathogènes proprement dits, que nous avons examinés dans : *Atmosphère. — Contamination de l'air des villes par les poussières de la voie publique*, celle-ci est le réceptacle d'un grand nombre de produits en décomposition ou en putréfaction ; ce sont des déchets humains, urines et matières fécales, des déchets animaux et fumiers, des ordures tombées des caisses ou des tombereaux, des balayures provenant des cours et des maisons, etc., lesquels produits, plus ou moins broyés par la circulation joints au produit de l'usure de la chaussée, forment un milieu éminemment putrescible, favorable, lorsqu'il est particulièrement humide, à la pullulation de microbes de toutes sortes ; ce milieu, selon son état, est appelé boue ou poussière.

La voie publique forcément est amenée à recevoir les urines et les matières fécales des animaux qui la fréquentent, tels les chiens et les chevaux ; mais, en aucun cas, elle ne devrait être souillée par des déjections humaines. Il n'en est point ainsi, et même dans les grandes villes, on rencontre trop souvent des recoins où s'arrêtent et se satisfont des enfants et des adultes. L'urine ne tarde pas à gagner la chaussée, soit par le moyen de la pluie, soit du fait du balayage ou de l'arrosage de la rue. Quant aux matières fécales, outre qu'on en trouve parfois dans des ruelles ou autres endroits écartés déposées là subrepticement, il n'est pas rare qu'il ne s'en échappe des tonnes qu'on remplit et qu'on véhicule en pleine rue et en plein jour. Or, l'urine des typhiques contient le bacille d'Eberth, parfois, même assez longtemps après la guérison apparente des malades; celle des tuberculeux est également très souvent chargée des bacilles de Koch lesquels, après l'émission ou la dessiccation du liquide, restent sur tout son passage. L'urine des personnes saines a pour elle cet inconvénient, suffisamment grand, d'être l'objet, après l'émission, d'une fermentation ammoniacale qui affecte fort l'odorat. A l'égard des matières fécales dont l'inconvénient n'est pas que d'être malodorantes, du moment qu'elles peuvent servir de véhicules aux germes de la fièvre typhoïde, de la dysenterie, de la diarrhée infantile, etc., ceux-ci amenés sur la voie publique y sont, dès lors, comme il est dit autre part, une menace constante d'infection.

La question des urines et des matières fécales

nous amène à parler des urinoirs publics et des chalets de nécessité, édicules qui, dans les grands centres, devraient être propres, faciles à laver, posséder une bonne évacuation et surtout exister en quantité suffisante, à proximité de tous les établissements publics, théâtres, casernes, lycées, églises, près des grands cafés et brasseries, sur les places, les promenades, dans les rues très fréquentées, dans les squares et jardins publics, précisément pour éviter que les gens ne soient obligés de se satisfaire le long d'un mur ou dans un coin. Les urinoirs, dans les larges voies publiques, sont installés généralement le long du trottoir, ou au centre de refuges destinés aux piétons ; dans tous les cas, ils doivent être parfaitement visibles ; dans les voies étroites où le trottoir est tout juste suffisant pour la circulation du piéton, on les adosse aux murs ou on les place aux encoignures des maisons en bordure. C'est là un mauvais système, parce que les infiltrations, en cas d'installation défectueuse, sont loin d'être rares, et que, bien plus fréquentes, bien plus désagréables encore sont les émanations provenant parfois de ces édicules quand ils ne sont pas tenus dans un état constant de parfaite propreté. Nous convenons qu'il est assez difficile d'arriver à supprimer les odeurs des urinoirs publics ; il faut, d'une part, des plaques en matière non poreuse, ardoise, porcelaine ou grès émaillé et, d'autre part, un lavage très fréquent par l'eau amenée contre les plaques ou dans les cuvettes, soit par un écoulement continu, soit par des chasses automatiques réglées d'après la fréquence des visites. Sans doute, ces types d'urinoirs ont le défaut très grand de consommer beaucoup d'eau et cela inutilement aussi bien à certains moments de la journée qu'à certaines heures de la nuit ; de là, l'essai d'urinoirs à huile composés de plaques d'ardoise enduites d'une huile lourde de houille. Pour des urinoirs très fréquentés, les plaques, après un bon brossage à l'acide chlorhydrique à 10 %, afin d'enlever les incrustations urinaires qui ont pu se produire, sont à nouveau graissées avec un chiffon imbibé d'huile. Cette petite opération renouvelée de temps à autre, économise ainsi beaucoup d'eau tout en supprimant les mauvaises odeurs.

Non moins utiles que les urinoirs, et pour les mêmes causes, sont les cabinets d'aisances publics dits chalets de nécessité, à proximité des rues, sur les boulevards, les places et dans les jardins publics. Ils doivent être établis de telle façon qu'ils ne soient pas une gêne pour la circulation du public ou que leur silhouette ne contrarie pas l'esthétique ou la perspective de la voie publique ; dans le premier cas, il est facile d'y parer en les plaçant souterrainement comme il en existe à Londres, à Vienne et à Paris depuis quelque temps. Dans les villes où existe le tout à l'égout, on pourra fort bien utiliser ce mode d'évacuation des matières, avec siphonnage hydraulique contre les mauvaises odeurs, et chasses d'eau périodiques, automatiques de préférence. Les cabines où le courant d'eau est produit par l'ouverture et la fermeture de la porte, présentent, sous ce rapport, un certain avantage. Selon que des cabinets d'aisances sont payants ou gratuits, plus ou moins fréquentés, suivant les classes plus ou moins aisées de la société, le mode de défécation diffèrera ; dans la première hypothèse, pour des visiteurs ordinairement habitués à la position assise, on utilisera des sièges en bois dur et ciré ; la cuvette sera, de préférence de forme elliptique ; le siège, en fer à cheval, échancré à sa partie antérieure afin d'empêcher tout contact dangereux à ce niveau. Au contraire, pour les cabinets gratuits, les sièges dits à la turque seront préférés à la condition cependant qu'ils soient établis de telle sorte qu'on ne puisse mettre les pieds que sur les pédales spécialement destinées à cet effet, et qu'ils soient pourvus à leur partie antérieure d'un revêtement absolument imperméable pour l'écoulement des urines.

Le danger des déchets animaux, urines et fumier, est à peu près le même que celui des déchets humains avec, en plus, cette crainte d'une maladie terrible, le tétanos. Les crottins de cheval, milieu de prédilection des mouches qui vont y pondre leurs œufs, doivent être enlevés de la chaussée, au moins tous les jours ; de même, les excréments de chiens. Pour ces mêmes raisons, les stations de voitures doivent être soumises à un certain nombre de conditions afin qu'elles ne deviennent pas, au bout de peu de temps, le point de départ de contaminations de toutes natures, car de l'imprégnation du sol ou du revêtement de la chaussée, pourraient résulter de graves conséquences. A l'endroit où stationnent ordinairement les chevaux et les voitures, on aura bien soin de protéger cette surface contre l'imprégnation du sol par les déchets liquides et solides de ces animaux, par exemple, par l'intermédiaire d'un pavage en grès rejointoyé au ciment et portant sur un béton solide et assez épais pour prévenir toute chance d'infiltration. Il sera dès lors possible de nettoyer semblable emplacement par ces grands lavages à l'eau que Weyl préconisait à l'*Association allemande d'hygiène publique* en 1902. On prescrira également l'enlèvement plusieurs fois par jour, des crottins, de façon à ne permettre leur stationnement sur la voie publique que le moins de temps possible. Sur ce point, on ne saurait qu'approuver la pratique suivie à Londres où des entrepreneurs spéciaux viennent enlever les crottins de cheval au fur et à mesure de leur production.

Une autre nuisance très grande de la rue est

représentée par les ordures ménagères ou gadoues, lesquelles renferment des résidus de cuisine, produits d'origines animale et végétale essentiellement et rapidement putrescibles ; des cendres, escarbilles et autres résidus des foyers domestiques ainsi que des débris de vaisselle, tous corps minéraux plus encombrants que dangereux ; des balayures des appartements et des cours qui peuvent parfois contenir des germes pathogènes ; des papiers, débris de bois, etc., produits combustibles ; des objets métalliques, boîtes de conserves, etc., produits non combustibles ; enfin, des déchets de certaines petites industries dont il n'est possible de se débarrasser que par ce moyen. Tous ces produits sont mélangés en proportion variable selon les jours et les saisons ; en hiver, ce sont les cendres qui dominent, en été, ce sont les fruits, plantes et légumes verts qui sont en plus grande quantité. Dans tous les cas, la caractérisque de ce mélange est d'être fermentescible et de devenir par la suite malodorant.

Pettenkofer évalue le poids moyen par tête et par an à 90 kilogrammes de déchets de cuisine et de balayures et à 45 kilogrammes, les cendres de houille ; la matière organique représenterait un peu plus du quart du poids total. Les Drs Imbeaux et Macé estiment que le volume des ordures ménagères varie entre 500 grammes et 1 kilogramme par tête et par jour ; Paris, avec ses 1 370 000 mètres cubes, donne $0^{kg},770$, Lille $0^{kg},630$, Nancy $0^{kg},800$. La densité serait en moyenne de $0^{kg},600$; à Paris, les cendres la rendent plus forte, en hiver $0^{kg},656$ contre $0^{kg},486$ en été.

Quant à la composition, voici quelques exemples donnant des moyennes. A Paris, un lot de gadoue verte prise dans des tombereaux contenait, d'après Girard et Müntz, 32,4 % de débris organiques grossiers, 59,3 % de parties fines passant à la claie et 8,3 % de pierres, verres, porcelaines, etc. ; dans deux autres lots, il y avait 60,6 de débris grossiers et d'eau et 39,4 % de matières sèches se décomposant en 24,66 de matières minérales et 14,74 de matières organiques. Ils trouvaient, comme substances fertilisantes et par tonnes de gadoues, $3^{kg},700$ d'azote, $4^{kg},100$ d'acide phosphorique, $4^{kg},200$ de potasse et $25^{kg},700$ de chaux, ce qui donnait une valeur de $8^{fr},90$ la tonne avec les prix de $1^{fr},50$ le kilogrammes d'azote, $0^{fr},30$ le kilogramme d'acide phosphorique, $0^{fr},50$ le kilogramme de potasse et $0^{fr},01$ le kilogramme de chaux. La gadoue verte des Halles, analysée également par les mêmes auteurs, était moins riche ; la gadoue noire, c'est-à-dire après six mois de dépôt et prise à Gentilly ou à Bagneux, était un peu plus riche et se rapprochait du fumier de ferme. Les teneurs indiquées par Damour diffèrent des précédentes parce qu'il a traité des gadoues triées et en provenance des usines de broyage de la Seine (Saint-Ouen, Issy et Romainville); ses opérations ont porté sur du tout-venant destiné à l'agriculture et sur 18 prises échelonnées d'avril à octobre 1908. Les moyennes ainsi trouvées ont été : cendres 23,22, papier et matières impropres 6,01, matières organiques 33,54, azote 5,32 %.

A Nancy, Imbeaux opérant en hiver sur 1 mètre cube de gadoues triées et provenant de la partie centrale de la ville, a trouvé, sur un poids de 573 kilogrammes : cendres, escarbilles et poussières diverses 449 kilogrammes, papier 30 kilogrammes, débris de bois, fibre de bois et paille sèche 21^{kg},600, paille humide, fumier et crottin 34^{kg},400, légumes et épluchures 26 kilogrammes, chiffons 2^{kg},700, os et débris animaux 2^{kg},600, fer, verre, poterie et objets divers 6^{kg},700. A Bruxelles, Petermann a trouvé, sur 1 000 kilogrammes de gadoues en train de se putréfier : matières organiques 228^{kg},780 avec 3^{kg},920 d'azote, chaux 31^{kg},700, potasse 3^{kg},090, soude 3^{kg},340, acide phosphorique 6^{kg},020, matières insolubles (sable, silice, argile) 640^{kg},810. Russels, à Londres, sur 100 kilogrammes, indique 63,69 de cendres et escarbilles, 0,840 de charbon et coke, 19,510 de poussières, 4,280 de papier, 4,610 de débris de plantes et d'animaux, 0,480 d'os, 3,220 de paille et fibres de bois, 0,390 de chiffons, enfin, 2,980 de débris de poterie, verre et ferraille. Salkowski, à Berlin, signale comme moyenne de trente échantillons, 50,160 °/₀ (en poids) de cendres et escarbilles, 1,260 de charbon et coke, 0,170 de poussières, 32,540 de déchets organiques, 4,260 de papier, 0,400 de pailles et fibres de bois, 1,150 de chiffons, 0,530 d'os et le reste, soit 8,530 de morceaux de verre, fer, poterie, etc. A Amsterdam, les proportions pour 100 (en poids) furent : verre, fer et autres métaux 1,075, os 0,380, cuir 0,063, chiffons 0,095, papier 1,996.

Par ce qui précède, on voit que les ordures ménagères étant, de par leur composition, à même de se putréfier au bout de quelques jours et de dégager ainsi des odeurs et des gaz nuisibles à la santé, la salubrité la plus élémentaire commande non seulement qu'on ne les laisse séjourner dans l'habitation que le moins de temps possible, mais aussi qu'on ne doit, en aucune façon, les déverser ni dans les cours ni sur le sol des voies publiques ; qu'enfin elles doivent être enlevées et transportées sans soulever des poussières dont nous avons vu plus haut tous les inconvénients et les dangers.

Les mêmes raisons s'appliquent aux boues et aux poussières provenant du balayage de la voie publique (et des cours), opération que nous examinerons par la suite.

Revêtement de la chaussée. — Comme moyen de prévenir les poussières produites

duites dans l'atmosphère par le balayage des voies publiques, un des principaux facteurs dont il faut tenir largement compte et auquel on doit au préalable songer, est la nature du revêtement du sol et du sous-sol, parce que, de ce premier facteur, découle, pour la suite, la facilité de parer aux graves inconvénients que l'on cherche, sinon à faire disparaître, tout au moins à diminuer dans les limites du possible. Le meilleur revêtement pour voie publique est celui qui s'use le moins, puisque dans ces conditions, il est celui qui fournit le minimum de poussières ; or, en plus de la pulvérisation plus ou moins facile des matériaux de revêtement, il y a d'autres facteurs qui méritent une sérieuse attention, principalement dans les grandes villes, c'est d'avoir un revêtement aussi peu bruyant que possible, transmettant à leur minimum également, tous les bruits du dehors et les trépidations venues de l'extérieur ; qu'il soit aussi uni que possible afin que le nettoyage de la voie publique puisse s'effectuer dans de bonnes conditions ; qu'il soit étanche, condition absolue de salubrité pour les maisons en bordure ; qu'enfin, il soit facile à établir et à entretenir et cela sans trop coûter. Aucun, parmi tous les genres de revêtements employés jusqu'ici, ne répondant aux exigences au point de vue technique, hygiénique et économique, car chacun offre des avantages et des inconvénients, on se voit dès lors obligé, avant de prendre une décision, d'examiner quel genre de revêtement répond le mieux aux besoins particuliers dans chaque cas.

Chaussées pavées en pierre. — Les chaussées pavées en pierre sont constituées par une partie élastique, la fondation, et par une partie résistante, le pavage. La fondation est formée par une couche de sable de 0m,15 à 0m,20 d'épaisseur; toutefois, si la chaussée doit supporter une lourde circulation, la fondation est composée d'une couche de béton de 0m,15 d'épaisseur, que l'on recouvre parfois d'une couche de sable de 0m,05 à 0m,10 d'épaisseur. La fonction du sable qui doit être pur, bien siliceux, est de répartir la pression sur le sol naturel. Les pavés en grés siliceux ou en pierres cristallisées, telles que le granit, l'arkose, le porphyre (peu employé, parce qu'il a l'inconvénient de donner un pavage très glissant), ont une forme parallélépipédique, le plus souvent rectangulaire, de dimensions déterminées ; ils reposent sur le sable et leurs joints doivent se découper ; de là, la nécessité d'avoir des pavés ordinaires et des pavés plus allongés dits boutisses. Les joints des pavés sont garnis de sable ou de mortier ; les joints transversaux ont 0m,005 à 0m,010 au plus de largeur, tandis que les joints longitudinaux ne doivent jamais dépasser 0m,015.

Les pavés sont posés en rangées parallèles perpendiculaires aux bordures des trottoirs, suivant la forme du profil en travers adopté. Pour que le pavage soit bien régulier, on doit choisir les pavés de manière à ce que la largeur de ceux qui composent une même rangée soit bien uniforme : une fois placés, il est procédé à un répandage de sable à la pelle et au balai de bouleau ; puis les pavés sont battus au refus par la hie, opération qui a pour but d'assurer la stabilité des pavés et d'obtenir que le bombement et les pentes soient exactement conformes au profil prescrit. Quant au garnissage des joints, il est complété par un fichage à la fiche dentelée et par un fichage à l'eau. Enfin, avant d'être livrée à la circulation, la surface du pavage est généralement recouverte d'une couche de sable tamisé de 0^{m},005 d'épaisseur ; ce sable qui doit être très propre, est balayé et enlevé dès qu'il est réduit en poussière par la circulation des voitures.

Dans le cas d'une fondation en béton, celui-ci est dosé ordinairement à raison de 200 kilogrammes de ciment de Portland (ou de laitier) pour 0^{m3},500 de sable et 1 mètre cube de cailloux ; il est fabriqué sur place avec les soins habituels et étalé à la pelle, sur le sol préparé et nivelé suivant le profil prescrit. Quand il a fait suffisamment prise, c'est-à-dire au bout de trois jours en moyenne, on le recouvre de sable et on procède à la pose des pavés comme pour le pavage sur sable. Les joints peuvent être remplis par un coulis de mortier de ciment de Portland dosé à 450 kilogrammes de ciment pour 1 mètre cube de sable tamisé ; le mortier est poussé dans les joints au moyen d'un balai-brosse. Le pavage doit être également dressé à la hie avant la prise du mortier ; on procède ensuite à un second coulage de mortier afin que les joints soient parfaitement remplis. Également, avant de la livrer à la circulation, on recouvre la surface du pavage d'une légère couche de sable sec que l'on enlève par la suite.

Le pavage en grès ou granit est certainement de tous les revêtements employés, celui qui présente le plus de résistance et de durée (à Paris, cette durée devrait être officiellement de 35 ans, bien qu'elle n'atteigne pas toujours, surtout dans certains quartiers, cette limite) ; il paraît aussi être le seul capable d'être utilisé avantageusement dans les grandes voies servant à toute heure de jour et de nuit, de transit à ces immenses véhicules aussi lourds qu'encombrants dont la masse et le poids enfonceraient rapidement tout autre soutènement. Avec ce mode de pavage et par suite du bombement de la chaussée, il ne doit pas se produire de flaque d'eau ni de stationnement de la pluie ou de l'eau d'arrosage ; la poussière ou la boue sont produites en quantité minime. Enfin, son prix de revient n'est pas trop élevé ainsi que celui de son entretien.

Malheureusement, il a le grave défaut de fournir un sol très dur pour les pieds des chevaux, glissant même parfois, insupportable bien souvent pour les voyageurs, en même temps qu'il produit, pour les personnes du voisinage, un bruit et une trépidation non seulement gênante et plus ou moins incommode, mais souvent même absolument insupportable. Quelques médecins n'hésitent pas à attribuer à ce tressautement, une influence des plus néfastes sur certains systèmes nerveux anormalement susceptibles et sont portés volontiers à rattacher à cette cause, l'origine de bien des troubles du système cérébro-spinal. En outre, la résistance originelle des pavés aurait une influence très grande sur la fondation en béton, laquelle serait détruite d'autant plus rapidement que le pavé serait plus dur. On a bien remarqué que, lorsque les pavés sont séparés de la fondation en béton par du sable, à mesure que l'épaisseur de la couche augmente, la rapidité de leur usure décroît, mais alors la dépense de premier établissement atteint un prix excessif.

Nous disons plus haut, au sujet du pavage en porphyre, qu'il est peu employé parce qu'il a l'inconvénient de se polir à l'usage et de devenir ainsi très glissant. Aussi a-t-on proposé de quadriller mécaniquement sur mesures des pavés de grandes dimensions, ce quadrillage pouvant même être pratiqué sur place, tout en supprimant le glissement et le dérapage, assurerait l'adhérence des pavés. En employant le fil hélicoïdal pour faire ce pavé mécaniquement et aux mesures demandées, on obtiendrait des lits parfaitement réguliers permettant de se servir du lit de dessous sans aucune retouche ; enfin, semblable sciage donnerait une surface rugueuse très bonne pour le pavage. Nous ignorons si des essais en ont été faits à Paris.

Chaussées pavées en bois. — C'est en 1871 qu'ont eu lieu, à Paris, les premiers essais du pavage en bois ; depuis lors, son succès ne s'est pas démenti, c'est-à-dire qu'aucune des critiques dont il a été l'objet n'a prévalu contre la faveur dont il a joui. La surface pavée en bois n'a cessé de croître régulièrement : en 1881, 7042 mètres carrés ; en 1896, 1 012 011 mètres carrés ; en 1911, 2 219 400 mètres carrés. Le système de pavage utilisé au début, l'était selon les brevets Kerr ; il consistait à poser debout, sur une fondation en béton, des blocs de bois ayant la forme de parallélépipèdes rectangles, puis à remplir les joints d'un mastic bitumineux sur le tiers inférieur de leur hauteur et d'un coulis de mortier de ciment sur le surplus. Les blocs de bois avaient une section de $0^m,08$ sur $0^m,22$ et une hauteur de $0^m,15$ Les pavés étaient légèrement créosotés et étaient placés jointivement dans la même rangée ; deux rangées consécutives étaient séparées par un joint de $0^m,009$ de largeur. La principale modification apportée, jusqu'à ce jour, à ce système, a consisté à supprimer le mastic bitumineux qui remplissait la partie inférieure des joints ; le joint tout entier a été rempli de mortier de ciment. En outre, on a réduit un peu la hauteur des pavés et l'épaisseur de la fondation en béton.

Un pavage en bois comprend donc une fondation en béton avec enduit de ciment que l'on recouvre directement de pavés en bois posés debout, c'est-à-dire de façon à ce que les fibres du bois soient normales à la fondation. En réalité, la véritable chaussée est constituée par le béton, les pavés de bois remplissant le rôle d'un manteau élastique, imperméable et remplaçable sur lequel s'effectue la circulation des voitures. La fondation est constituée par une couche de béton de $0^m,15$ d'épaisseur ; le dosage de celui-ci est généralement de 250 kilogrammes de ciment de Portland (ou de laitier) pour $0^{m3},500$ de sable et 1 mètre cube de cailloux. La couche de béton est recouverte d'un enduit en mortier de $0^m,01$ d'épaisseur composé de 450 kilogrammes de ciment pour 1 mètre cube de sable tamisé. Les pavés ont une largeur uniforme de $0^m,08$, une longueur de $0^m,17$ à $0^m,25$ et une hauteur ou queue variant de $0^m,10$ à $0^m,15$; pour les chaussées neuves, on utilise presque exclusivement des pavés de $0^m,12$ de queue.

Les principales essences de bois employées sont, en première ligne, le pin des Landes, ou pin maritime des Landes et de Gasgogne, gemmé ou non, c'est-à-dire dont on a annuellement extrait ou non la résine ; puis le pin rouge du Nord ou pin sylvestre, ensuite le pitchpin, autre conifère de l'Amérique du Nord. Ces trois essences appartiennent à la catégorie des bois tendres. Les bois durs se divisent en bois indigènes et en bois exotiques : les premiers comprennent le chêne et le hêtre ; les seconds, le karri, le jarrah, le teck de Java, le lierre de l'Annam, etc. Le pin des Landes, non gemmé, et le pin rouge du Nord, sont employés généralement pour les pavages ordinaires ; le pin gemmé et le pitchpin sont réservés aux voies à grande fréquentation. Les bois durs sont utilisés surtout dans les voies de tramways.

Dès l'origine du pavage en bois, on s'est préoccupé de le protéger contre la pourriture par des traitements antiseptiques. La ville de Paris, dans son usine municipale de Javel, s'est jusqu'à présent, bornée à tremper les pavés qu'elle fabrique dans un bain chaud d'huile lourde qu'on nomme improprement créosote. Cette huile lourde doit contenir au moins 13 °/₀ de produits créosotés et, au plus, 8 °/₀ de naphtaline pendant l'hiver et 13 °/₀ pendant l'été. A cette même usine, aussitôt après le découpage des pavés, on empile ceux-ci dans des wagonnets-citernes qu'on remplit de créosote chaude ; après 20 ou 30 minutes de séjour dans le bain, les pavés sont déchargés et empilés dans le dépôt. Le créosotage ainsi obtenu ne peut être que superficiel ; la pénétration de l'huile lourde ne dépasse jamais, en effet, quelques millimètres dans le bois parfait. Aussi conteste-t-on l'utilité de cette opération et a-t-on cherché à la perfectionner ; deux procédés sont, à ce sujet, expérimentés. L'un d'eux est proposé par un ingénieur russe, M. Managnan ; il consiste à plonger les pavés dans un bain qui contiendrait, à la fois, un acide, des carbonates alcalins et des résines ; après quatre heures de traitement à chaud, les pavés sont soumis, sous la presse hydraulique, à une pression de 75 à 80 kilogrammes par centimètre carré. Un essai a été fait en 1907, place de la République à Paris ; après une forte poussée qui s'est produite sur les bordures des trottoirs au début de l'expérience, le pavage s'est bien comporté jusqu'ici. Le second essai porte sur des pavés créosotés par le procédé Ruping ; dans ce système, on comprime successivement de l'air, puis de la créosote dans le bois ; on fait ensuite le vide autour du bois et l'air comprimé en premier lieu en ressort en chassant l'excès de créosote ; on obtiendrait de cette façon une imprégnation fort complète, sans consommation excessive d'huile lourde et la dépense de l'opération resterait assez réduite.

Aussitôt que la fondation en béton a fait prise, les pavés sont placés et disposés suivant des rangées régulières dont la direction est généralement normale à l'axe de la voie. Dans les carrefours, le tracé des rangées doit être déterminé de façon à empêcher toute obliquité trop prononcée sur les courants de circulation, sans toutefois recourir aux appareillages compliqués qu'exige en semblable cas, le pavage en pierre, les roues des véhicules ne creusant, en effet, les joints d'un pavage en bois de dureté moyenne que si elles le suivent longtemps. Le long des trottoirs, on encadre le pavage par deux rangées de pavés parallèles aux bordures et séparées d'elles par un joint de $0^{m},04$ rempli de sable fin ; cette disposition n'a pas pour but de prévenir les effets du gonflement du bois et d'empêcher le déplacement des bordures des trottoirs, mais simplement d'arrêter rapidement ce déplacement et de faciliter les réparations. Au point de vue hygiénique, cela n'est pas sans inconvénient puisque cette disposition offre aux eaux du caniveau un chemin pour parvenir sous les pavés. On a bien essayé de remplir cet intervalle de glaise, de sciure de bois, d'étoupe goudronnée, de bitume, on a même taillé les pavés appuyés contre la bordure en forme de coins, les résultats obtenus ont été encore plus médiocres.

Dans la même rangée, les pavés sont placés en contact les uns avec les autres, et de telle sorte que leurs joints se découpent avec ceux de la rangée suivante ; entre deux rangées successives, la largeur des joints est, en ce moment, fixée à $0^m,008$ que l'on obtient régulièrement au moyen de petites réglettes de bois de $0^m,008$ d'épaisseur, qu'on pose de champ sur la fondation, au pied de la rangée précédente. La pose des pavés se fait à la hachette, le paveur prend derrière lui les pavés étalés, au préalable, sur la fondation et les met en place devant lui en ayant soin de les serrer contre la réglette et de bien les dresser.

Le remplissage des joints suit la pose; on emploie un mortier de ciment de Portland contenant 600 kilogrammes de ciment pour 1 mètre cube de sable fin. Le mélange est fait à sec, à même sur la surface du pavage; on ajoute la quantité d'eau nécessaire et on pousse le coulis dans les joints en se servant d'un balai, d'un rabot en caoutchouc ou même d'une fiche à main. Au surplus, comme ce premier coulis n'affleure plus, après avoir fait prise, la surface du pavage, le remplissage des joints comporte normalement deux autres opérations: on recouvre la surface du pavage ainsi terminé, d'une couche de sable sec de $0^m,01$ d'épaisseur, on livre la voie à la circulation au bout de 3 ou 5 jours, ensuite on répand, si possible, par un temps humide on pluvieux, en une ou deux fois, une couche de $0^m,003$ on $0^m,004$ de gravillon de porphyre lequel en s'incorporant entre les fibres du bois, contribue à la consolidation de la surface extérieure.

Le pavage en bois est certainement de tous

les systèmes de pavage, celui qui exige le plus parfait nettoiement. Sur les voies très fréquentées, trois lavages par semaine sont indispensables ; deux suffisent pour les autres voies. Chaque lavage comprend un abondant épandage d'eau, puis l'enlèvement de la boue liquide ainsi obtenu, et il importe pour que cette opération soit satisfaite, qu'aucune flaque d'eau ne demeure sur la chaussée et que les fibres du bois deviennent nettement visibles. C'est à l'insuffisance du nettoiement qu'on doit attribuer la ruine relativement rapide des pavages en bois de certaines voies où la circulation est, cependant, peu développée. La faible couche de boue qui se trouve alors presque en permanence à la surface du pavage, y entretient une humidité favorable à la pourriture ; cette boue dans laquelle entrent des produits organiques en décomposition, a vite fait de détruire l'action des matières antiseptiques qu'on a pu faire pénétrer dans le bois. Les autres soins que nécessite le pavage en bois sont ceux qu'il convient d'accorder à tous les autres systèmes de pavages. On doit les balayer et les arroser afin d'éviter la poussière qui n'est ici que de la poussière d'apport (crottin de cheval en majeure partie) ; l'usure de la chaussée n'y ajoute que fort peu de chose.

L'expérience de plusieurs années a fait justice d'un bon nombre de critiques qu'on adressait à l'origine au pavage en bois. On sait, désormais, que le glissement sur ce pavage est presque toujours provoqué par la boue grasse qui le recouvre ; ce glissement peut être, en général, évité par un bon nettoiement, et les jours de verglas, par des sablages avec du sable ordinaire à grains arrondis. Quant aux dangers d'incendie ils sont imaginaires. Il en est de même de sa prétendue insalubrité. Le Dr Miquel a nettement, établi que les microorganismes ne pénètrent pas pas dans les pavés ; la fondation en béton est bien moins infectée que le sol naturel sur lequel elle repose, seule la surface du pavage est souillée, comme celle de tous les revêtements urbains qui reçoivent des habitants, des animaux et de l'atmosphère toutes sortes de détritus, de déjections et de poussières. Mais ici encore le lavage constitue un remède à peu près souverain, remède moins aisé à appliquer, il faut le reconnaître, aux chaussées pavées en pierre et surtout à celles empierrées dont nous parlons plus loin.

Pour M. Tur, ingénieur en Chef des Ponts et Chaussées, adjoint à l'inspecteur général du service de la voie publique et de l'éclairage de la ville de Paris, le pavage en bois est le revêtement par excellence des voies urbaines, s'accommodant de tous les genres de circulation, tant lourds et rapides que légers et lents. On peut l'adopter à la fois, dans les artères industrielles que suivent de pesants camions et dans les voies de luxe. Il ne donne de résultats médiocres que dans les voies peu fréquentées dont le nettoiement ne peut être assuré d'une façon très continue, et où l'emploi d'un pavé insonore est, au surplus, peu justifié. On évite, en ce moment, à Paris, de paver en bois les voies ayant des déclivités supérieures à $0^m,05$, bien qu'il ne soit pas certain que les dangers de glissement augmentent sensiblement avec l'inclination du profil en long, attendu que le glissement sur le pavage en bois est, comme il a été dit, provoqué surtout par la boue recouvrant la chaussée, boue formée par l'eau stagnante. Or, une voie à déclivité accentuée est forcément presque toujours sèche et propre, les eaux la parcourent rapidement et la nettoient.

Chaussées en asphalte comprimé. — D'abord employées à peu près exclusivement à Londres et à Paris, c'est aujourd'hui à Berlin et en Allemagne que ces chaussées paraissent jouir de la plus grande faveur. A Paris, les surfaces asphaltées n'augmentent que très lentement, ainsi en 1881, elles étaient de 316 260 mètres carrés, en 1896, de 372 797 mètres carrés, en 1908, seulement de 416 700 mètres carrés ; la cause en est à l'emploi du pavage en bois. Les chaussées en asphalte comprimé comportent une fondation de $0^m,15$ d'épaisseur en béton de ciment semblable à celle du pavage en bois, mais sans enduit ; on se préoccupe, au contraire, d'en rendre la surface aussi rugueuse que possible par un épandage de sable qu'on fait avant la prise complète du béton. Les revêtements en asphalte présentent, en effet, le défaut de se déplacer facilement à la surface de la fondation sous l'influence de la circulation ; la rugosité de la fondation s'oppose à ce déplacement, au moins dans une certaine limite.

Comme condition essentielle, la fondation en béton doit être parfaitement sèche et on ne saurait trop prendre de précautions pour s'assurer de cet état ; l'existence de bien de chaussées asphaltées n'a été compromise, que parce que la fondation présentait de légères traces d'humidité. La poudre ayant été préparée de telle sorte que sa teneur en bitume varie entre 7 et 13 %, est transportée à pied d'œuvre dans des tombereaux en tôle et recouverts d'une bâche imperméable de façon à éviter le refroidissement de la poudre. L'épandage de cette poudre chaude exige une certaine habileté professionnelle, la couche devant avoir partout une épaisseur et une densité constantes. On se sert de brouettes métalliques qu'on doit vider avec précaution ; on régale la poudre au râteau de manière à obtenir une épaisseur régulière de $0^m,06$ à $0^m,07$ selon que l'on veut donner au dallage une épaisseur définitive de $0^m,04$ à $0^m,05$. Puis on procède, en commençant par les bords, au pilonnage au moyen de pilons circulaires en fonte de $0^m,20$

de diamètre que l'on a soin de chauffer au préalable ; on fait généralement trois pilonnages consécutifs avec une énergie croissante. Après le pilonnage, on fait un lissage général en se servant d'un outil légèrement courbé (*lissoir*) et qu'on a fait chauffer également ; ensuite, on fait passer un rouleau en fonte. Cependant quelques ingénieurs prétendent que cette dernière opération n'est pas indispensable. La chaussée n'est livrée à la circulation que lorsqu'elle est refroidie et après qu'on l'a saupoudrée de chaux hydraulique ou de ciment.

Il est très important de soigner l'application de l'asphalte dans les caniveaux, car c'est fréquemment par ces derniers que périssent les chaussées asphaltées. Pour obtenir une adhérence parfaite de l'asphalte avec les bordures de trottoirs, on applique d'abord, à la base de ces bordures, un badigeonnage chaud de bitume liquide. On pratique un pilonnage supplémentaire avec des pilons de formes rectangulaires. Enfin, on rend imperméables les surfaces des caniveaux en y répandant le bitume épuré en poudre qu'on lisse également à chaud.

Le nettoiement des chaussées asphaltées n'a pas, pour la durée de l'asphalte comprimé, la même importance que pour le bois. L'asphalte comprimé n'est guère attaqué que par les eaux grasses et savonneuses, telles que celles qui s'écoulaient, autrefois, dans les caniveaux ; mais actuellement les écoulements de ce genre ont à peu près disparus de Paris et il ne paraît pas que les huiles que laissent souvent échapper les automobiles dissolvent d'une façon sensible le bitume.

Au point de vue de la facilité de la circulation, on doit signaler que ces chaussées sont très glissantes quand elles sont simplement humectées par une pluie légère ; la petite couche de boue compacte qui se forme alors n'adhère pas à la surface du dallage. Comme l'usure de l'asphalte est fort lente, la formation de poussières est minime et les opérations de nettoiement n'ont pas besoin, en somme, d'être particulièrement actives et nombreuses. Et même, il est préférable de ne faire que de très légers arrosages de façon à ne jamais arriver à former de la boue.

Le glissement, que nous notons plus haut, fait que ce mode de revêtement n'est pas possible dès que la déclivité de la voie atteint $0^{m},02$ par mètre. De plus, il ne résiste pas aux circulations actives et lourdes ni aux moindres ébranlements et vibrations ; c'est pour ces motifs qu'on ne peut l'utiliser le long des rails des tramways et qu'également on tient pour impossible de rétablir, avant un an ou deux, une chaussée asphaltée sous laquelle on a construit un grand égout ou un chemin de fer souterrain. Il faut donc le réserver pour les voies paisibles et peu accidentées pour lesquelles il est un revêtement avantageux, car à peu de frais, les chaussées restent fort régulières et propres.

Chaussées en asphalte coulé. — Le type des chaussées en asphalte coulé est la chaussée américaine.

L'asphalte, après avoir été préparé dans des usines spéciales à une température variant de 140 à 195°, est transporté et mis en place à peu près comme l'asphalte comprimé ; mais la compression est faite par l'intermédiaire de petits rouleaux à vapeur. La caractéristique de ce revêtement est d'être constitué par un produit industriel nécessitant la présence de chimistes. Les exigences des sociétés qui l'exploitent en Amérique se sont opposées jusqu'à présent à la propagation de son emploi en France. Deux essais faits à Paris, en 1900, ont donné jusqu'ici de bons résultats ; il semble même que le glissement soit moindre sur l'asphalte coulé que sur l'asphalte comprimé.

Chaussées en asphalte armé. — Ce système de revêtement se pose lui aussi sur une fondation en béton d'épaisseur variant de $0^{m},12$ à $0^{m},14$ selon l'importance du roulage ; ce béton a la teneur de 250 kilogrammes de ciment de laitier. Sur une première et mince couche de bitume coulée à chaud et qui se colle au béton de fondation, on implante tout d'abord un hérisson de pyramides de granit et c'est sur ce hérisson servant d'armature, que l'on coule un asphalte particulier, le granit-asphalte, lequel jouit de certaines propriétés. Ainsi posé par coulage et à chaud, le granit-asphalte pénètre dans les vides entre les pyramides de granit jusqu'à la couche inférieure de bitume, et ces divers éléments constituent une plaque extrêmement compacte et résistante au point que, si l'on casse un échantillon, les pyramides de granit se rompent plutôt que d'échapper à la gangue qui les enveloppe.

La pâte asphaltique est dosée à raison de 24 kilogrammes d'asphalte coulé contenant 15 à 18 $^0/_0$ de bitume pour 1 kilogramme de bitume naturel de la Trinidad ou de Selenitza et 13 litres de gravier de granit. L'ensemble du revêtement asphaltique forme un bloc compact dont l'épaisseur varie de $0^m,40$ à $0^m,70$, selon toujours l'importance du roulage.

D'expériences effectuées au laboratoire de l'École nationale des Ponts et Chaussées, il résulte qu'au point de vue de la résistance à l'usure, on peut classer le granit-asphalte et l'asphalte armé sur le même rang que le bon grès de Fontainebleau ; quant à la résistance au glissement, il suffit de citer les constatations faites, à Nice, sur des rues à forte pente (3 et 4 $^0/_0$) revêtues en asphalte armé. Il résiste à la chaleur, comme le montrent les applications faites à Nice et à Toulon, en Espagne et au Brésil. On peut citer également le dallage des bouilloteries de la Compagnie des chemins de fer de Paris-Orléans et des nouvelles buanderies des hôpitaux de Paris ; cette dernière application est d'autant plus intéressante, que le sol y est constamment baigné de lessive bouillante, ce qui montre que le granit-asphalte résiste aux liquides caustiques. Enfin, l'usure est extrêmement régulière.

Les réparations s'effectuent avec la plus grande facilité et fort économiquement ; il suffit, après repiquage, de couler du granit-asphalte lequel se soude complètement aux parties voisines. Si l'on ajoute que le prix d'établissement ne dépasse pas celui des autres revêtements, qu'il ne présente aucun danger d'infection ni de glissement, l'on peut dire, avec le lieutenant-colonel du génie Espitallier, professeur à l'École spéciale des Travaux Publics, que s'il n'existe pas de pavage idéal, du moins faut-il reconnaître que celui-ci satisfait à la plupart des conditions qu'on peut exiger et que son emploi se justifie pour les rues, les cours, les quais des gares, les sols d'abattoirs, et généralement partout où la surface unie du dallage, son imperméabilité, son absence de glissement et une grande résistance à l'usure sont indispensables.

Chaussées empierrées ou macadamisées. — Une chaussée empierrée est un revêtement composé de pierres de petites dimensions, cassées irrégulièrement et agglomérées de manière à former une sorte de mosaïque pleine et imperméable ; l'agglomération des pierres est obtenue par le moyen du cylindrage. Dans l'intérieur des villes, les matériaux sont particulièrement durs et tenaces, porphyres, granites, ophites, quartz, meulière, caillasse ; à Paris, on utilise notamment un porphyre provenant de la Mayenne, la caillasse de Brie et quelquefois du granit résultant du cassage de vieux pavés. L'épaisseur d'une chaussée empierrée urbaine atteint $0^m,25$ à $0^m,30$; la pierre cassée est étalée sur une épaisseur supérieure au quart de l'épaisseur que l'on veut obtenir définitivement. Parfois, lorsqu'on construit une chaussée neuve et, dans le but de diminuer les dépenses de premier établissement, on substitue à la pierre cassée et sur la moitié inférieure de la chaussée, d'autres matériaux comme cailloux de rivière, calcaires très durs, etc.

Les matériaux destinés à l'empierrement doivent tous passer dans un anneau de $0^m,06$. Le cassage de la pierre s'exécute à bras d'homme ou à l'aide de machines spéciales. Le cylindrage consiste à promener sur la pierre cassée un lourd rouleau en fonte à traction animale ou un cylindre à vapeur, jusqu'à ce que la pierre ne forme plus qu'une masse homogène, c'est-à-dire que la pierre étant étalée sur une épaisseur régulière déterminée ; on fait passer le rouleau alternativement sur chaque bord de la chaussée en prenant préalablement la précaution d'arroser la pierre. Quand les matériaux ne bougent plus sur le passage du rouleau ou du cylindre et qu'ils forment une sorte de damier, on répand légèrement dans le but de combler les vides de la pierre, soit du sable de rivière, soit des matières d'agrégation composées de détritus d'empierrement convenablement passés à la claie, ce qui, au point de vue purement hygiénique ne devrait pas être admis ; la masse de ces matières d'agrégation ne doit pas excéder le dixième du cube total de la pierre cassée. Le cylindrage se poursuit en parcourant toujours l'un et l'autre côté de la chaussée, en continuant l'arrosage ainsi que le répandage des matières d'agrégation. A bout d'un certain temps, une sorte de boue reflue de toutes parts et bave sous le rouleau, cela indique que l'opération est terminée. Enfin, il est bon de répandre une légère couche de sable sec avant de livrer la chaussée à la circulation, et de laisser en repos durant 2 ou 3 jours.

Dans les villes, les chaussées empierrées sont presque toujours bordées de caniveaux pavés dont la largeur est très variable ; on admet généralement une largeur uniforme d'un mètre.

On comprend qu'un semblable revêtement ne peut offrir une grande résistance ni durer bien longtemps, au cas où il serait utilisé pour des voies très passagères, à circulation active, avec des véhicules pesamment chargés. Et de fait, aussi bien dans les endroits à circulation intensive que sur les voies peu fréquentées, le macadam ne tarde pas à donner, par les temps secs, une poussière véritablement insupportable, par la pluie, une boue non moins abondante, sans compter avec les flaches qui se produisent bien souvent au bout de quelques mois. Dans le Midi, particulièrement, ce type d'empierrement produit, à certaines époques, de réels nuages de poussières, qui déterminent parfois des maladies du larynx, des yeux et des poumons et pendant les saisons pluvieuses, de non moins réels marécages. Aussi, pour toutes ces causes, et malgré les avantages inhérents précisément à ce système (peu de bruit, absence presque complète de trépidation), est-il naturel que personne ne prenne sa défense et qu'il ait été condamné par les hygiénistes allemands et notamment par Genzmer et Weyl, en 1902, lors d'une réunion de l'*Association allemande d'hygiène publique*. En outre, le macadam exige, pour être bien tenu, un entretien onéreux, qui se pratique au moyen de rechargements généraux cylindrés revenant à intervalles réguliers : la période d'aménagement doit naturellement être d'autant plus courte que l'usure est plus rapide, c'est-à-dire que le roulage est plus intense, les matériaux plus tendres, etc.

Chaussées en macadam imperméabilisé (gou-

dronnage et pétrolage). — Depuis quelques années, on cherche, en vue d'éviter les poussières produites par les automobiles, de plus en plus nombreuses et rapides, à superposer ou à incorporer au macadam des matières qui l'imperméabilisent, tout en retenant les particules dans une sorte de magma agglutiné et homogène. La première et la plus simple de ces matières, susceptibles en quelque sorte de coller les poussières au sol, est évidemment l'eau ; mais l'effet de l'arrosage est, malheureusement, de trop courte durée, et il faut renouveler si souvent cette opération que la chose en devient onéreuse ; de plus, si on dépasse la mesure, on produit de la boue et même, si on projette trop fort l'eau d'arrosage, on soulève les poussières ; il peut arriver aussi que certains jours cet arrosage soit impraticable, tels les jours de réjouissance, de courses, etc., c'est-à-dire en des moments où il serait des plus utiles.

Pour obtenir un effet plus efficace et plus durable, on a essayé d'ajouter à l'eau d'arrosage des chlorures provenant la plupart des résidus d'eaux-mères de salines. Dans certaines villes maritimes, on a utilisé avantageusement l'eau de mer laquelle en raison de sa teneur en chlorures de sodium et de magnésium possède de sérieuses propriétés agglutinantes. De bons résultats auraient été obtenus en Angleterre avec le chlorure de calcium dont l'emploi serait facile et peu coûteux ; en France, on n'a obtenu que de médiocres résultats. Également [des essais ont été faits avec des produits déliquescents liquides, tels l'aquifère et l'akonia qui auraient, d'après leurs inventeurs, le pouvoir de retenir l'humidité de l'atmosphère et du sol et, par suite, de maintenir la chaussée toujours humide et agglomérante de la poussière. On a proposé aussi d'ajouter à l'eau d'arrosage des produits composés d'huiles lourdes de pétrole émulsionnées et saponifiées par des eaux ammoniacales ou des produits à base de goudron, de houille, de bitume ou de pétrole, comme le pulveranto (goudron liquide à froid), la bitumine, l'apulvite, l'injectol (hydrocarbure s'employant à froid), la hacknite, la pulvicide, etc. Tous ces produits ne paraissent donner de résultats que dans le cas où il s'agit d'une amélioration provisoire, par exemple, en vue d'une cérémonie, d'une course, etc. ; ils ne résistent pas à une averse tombant peu de temps après leur application, comme aussi si le temps est beau, il faut répéter plusieurs fois l'arrosage, ce qui devient fort coûteux.

Le pétrolage et le goudronnage ont donné de meilleurs résultats quant à la durée de leur effet sur la chaussée. Le premier de ces procédés serait très employé en Californie, où il consisterait à arroser les chaussées deux ou trois fois l'an, avec de l'huile lourde de pétrole renfermant 30 % d'asphalte et répandu à chaud (80°) au moyen de tonneaux d'arrosage, munis d'un appareil réchauffeur et d'une pompe servant à comprimer l'air dans le récipient d'huile, afin d'en chasser cette dernière et forcer son écoulement par les tuyaux perforés. Cette imprégnation fournit le double résultat de supprimer aussi bien la poussière pendant la sécheresse, que la boue durant la période des pluies. En Angleterre, des essais de ce genre, faits en 1902, auraient tout de suite, au dire de Rees Jeffreys, secrétaire de l'*Association pour l'amélioration des routes*, donné des bons résultats, mais une enquête faite quelque temps après ces applications, a fait formuler des réserves quant à la formation de la boue durant la saison pluvieuse. En France, des expériences avec du mazout ou astatki, résidu du pétrole de Bakou, ont été entreprises dès 1904; l'huile chauffée à 90° était étalée, à l'aide de balais, sur la chaussée préalablement balayée, de façon à la faire pénétrer dans le sol; un quart d'heure après, on rejetait sur la partie ainsi pétrolée, la poussière qu'on avait enlevée auparavant. Les résultats furent tout d'abord excellents, mais l'effet ne persista que quelques semaines à peine, et le pétrolage ne résista pas à la pluie. D'autres essais tentés également avec du mazout dans le département de Seine-et-Oise furent aussi concluants à l'égard de la suppression de la poussière, mais négatifs sous le rapport de la disparition ultérieure de la boue. Lés essais de répandage d'huile lourde de pétrole pratiqués par la Compagnie des chemins de fer du Midi, afin d'éviter la poussière sur certaines voies ferrées, notamment sur celles des Landes, aboutirent aux mêmes résultats : réussite apparente durant un mois, mais au troisième mois, les nuages de poussières soulevées par les trains étaient aussi intenses qu'avant.

Il ressort donc de ces faits qu'on peut, à juste titre, faire au pétrolage un certain nombre de reproches : 1° si la suppression de la poussière est assez complète, il n'en est pas de même de la boue qui réapparaît aux premières pluies; 2° l'odeur se dégageant de l'imprégnation de la chaussée affecte la muqueuse pituitaire ; 3° son action ne serait que tout à fait momentanée et ne dépasserait pas en moyenne deux mois ; 4° son prix de revient est assez fort, étant donné le coût élevé, du moins en France, de la tonne d'huile de pétrole.

Aussi donne-t-on la préférence au goudronnage qui, à l'heure actuelle, est en pratique dans toute l'Europe. C'est un ingénieur français, Christophe, qui, le premier, en 1880, utilisa ce revêtement des voies. Vers cette même époque, la Compagnie des chemins de fer du Midi coaltarisait les cours et les perrons d'un certain nombre de ses gares situées dans des régions poussiéreuses, et cela avec des résultats satisfaisants. En 1902, le Dr Guglielminetti, l'apôtre de ce système de revêtement, faisait son premier essai en grand de goudronnage à Monaco, avec des résultats des plus concluants et dépassant toute attente. Quelque temps après, il fut essayé par MM. Deutsch et Le Gavrian dans la Seine-et-Oise, et par M. Heude dans la banlieue parisienne. Le goudron de gaz est utilisé à chaud, 70 à 80°, au moyen d'appareils spéciaux qui sont agencés aussi bien pour le chauffer que pour le répandre sur la chaussée en couche mince et régulière ; il peut être aussi employé à froid, additionné d'une huile lourde et fluide. Bien que le premier de ces procédés soit le plus général, on ne peut dire encore lequel des deux a le plus d'avantages. Mais, dans les deux cas, pour obtenir avec le goudronnage un bon résultat, il faut, d'après le rapport fait par MM. Sigault et Le Gavrian au 1er *Congrès international de la Route*, tenu à Paris en 1908 :

1° Opérer sur une chaussée solide, bien sèche, de rechargement assez récent et surtout sans flaches ; sur une chaussée flacheuse, le goudron se maintiendra beaucoup moins longtemps, et, sur une chaussée humide, au moment du répandage, il s'écaillera et disparaîtra rapidement ;

2° Débarrasser la chaussée des poussières et immondices qui la recouvrent, et mettre la mosaïque à nu de telle sorte que la couche de goudron pénètre dans la chaussée et que la croûte superficielle s'y trouve pour ainsi dire ancrée ;

3° Procéder à l'épandage par un temps sec et si possible par un temps chaud ;

4° Laisser le goudron sécher assez pour que les roues des véhicules ne l'enlèvent pas et n'écorchent pas l'enduit, ou le recouvrir d'une couche de sable avant de le livrer à la circulation, aussi bien pour empêcher le revêtement de devenir glissant que pour éviter le miroitement qui effraie parfois les animaux.

Le temps nécessaire au durcissement complet de la couche de goudron varie avec les circonstances ; en général, quelques jours seulement suffisent. Avec le goudronnage, les résultats par temps sec sont excellents, et même par temps pluvieux la boue est bien diminuée, à condition, toutefois, que la circulation ne soit pas trop forte ; différemment, les avantages de ce revêtement disparaissent très vite.

Chaussées en macadams goudronnés spéciaux. — On a cherché à consolider les chaussées et à les rendre moins friables en incorporant au macadam, lors de sa mise en place, soit du goudron ou du mortier pour en faire un véritable béton, soit même un mélange de goudron et de chaux. L'incorporation de chaux ou de ciment, dans la proportion de 25 à 40 % de pierres cassées, n'a pas donné de bons résultats parce que ce liant est trop maigre, et que la circulation a vite désagrégé les pierres. L'addition de bitume serait des plus avantageuses, mais alors on se rapproche comme application et comme prix, soit du pavage maçonné, soit de l'asphalte.

D'autres produits ou agrégats que nous signalons simplement, comme le béton de goudron, le quarrite, le bitulithe, le tarvia, le tarmac, etc., ont été proposés. Les applications dont ils ont été l'objet en France sont trop peu importants pour en déterminer les valeurs économique et hygiénique.

Chaussées à revêtements divers. — Bien d'autres revêtements ont été essayés, les uns n'ont donné, dans tous les cas, que de médiocres résultats, les autres se sont assez bien comportés à condition que les voies fussent peu fréquentées; nous citerons, sans nous y étendre : le dallage, les pavages en briques d'argile ou en briques silico-calcaires, etc.

Le dallage n'est guère employé qu'en Italie ; ce système, des plus glissants, est absolument incompatible avec une circulation tant soit peu active, et est susceptible, dans tous les cas, de devenir la source d'une série d'accidents, aussi bien pour les piétons que pour les chevaux, surtout par les temps froids et humides. Le revêtement des chaussées avec du ciment est, pour les mêmes raisons, tombé dans l'oubli ; les essais qui en ont été faits n'ont pas dû paraître concluants, car ce procédé n'est nulle part utilisé. Dans le temps, quelques rues de Grenoble ont été ainsi revêtues.

Dans certains pays, en Hollande, en Autriche, on a employé des briques d'argile, dont seule la surface était durcie et qu'on posait sur une couche de béton de 0^{m}, 12 d'épaisseur ; les interstices étaient remplis de ciment ou d'asphalte. Ce pavage était bien imperméable, mais il se détruisait en peu de temps, dès que la surface durcie était usée. On a proposé de remplacer ces briques par des briques en silico-calcaires, composition de sable et de chaux d'une extrême finesse, comprimée à de très fortes pressions et cuite à la vapeur d'eau ; le produit ainsi obtenu est très résistant à la compression, 1 000 à 1 500 kilogrammes par centimètre carré, et à l'usure ; il est un peu poreux, et n'est pas friable, mais compressible aux chocs, ce qui fait qu'il n'est pas glissant. Sa porosité permet de pratiquer le goudronnage sur sa surface parfaitement unie, ce qui rendrait ce système silencieux et pas poussiéreux. Il a été expérimenté à Puteaux (Seine).

Revêtement des trottoirs. — La bonne tenue des trottoirs dans une ville, est un agrément que l'on recherche et dont tout le monde profite ; malheureusement et, d'une façon assez générale, leur entretien laisse fortement à désirer, de telle sorte qu'à l'époque de la mauvaise saison, alors qu'ils devraient constituer un refuge propre où les passants devrait pouvoir circuler commodément et à l'abri de la boue, bon nombre ne sont que des plates-formes raboteuses et boueuses, que le piéton est, parfois, contraint d'abandonner pour circuler sur la chaussée au risque de se faire écraser ou de recevoir des éclaboussures. Quatre procédés sont généralement employés pour avoir de bons trottoirs.

Pavage avec joints au ciment tirés au fer. — Ce procédé, encore très répandu dans certaines villes, consiste en un revêtement fait en vieux pavés ou en écales de pavés posés au mortier de chaux sur une légère forme en sable, les joints, dégradés à $0^m,03$ ou $0^m,04$ de profondeur, sont remplis au mortier de ciment de Portland, brossés et tirés au fer. C'est donc un revêtement éminemment rustique, à surface rugueuse, mais suffisamment unie pour ne pas contrarier la circulation du piéton. Son prix de revient est faible et il présente l'avantage de pouvoir être exécuté sans outillage spécial et sans précautions méticuleuses comme, par exemple, le dallage en ciment.

Sa solidité et sa durée sont grandes et son entretien est pour ainsi dire nul. Il peut être réparé facilement par le premier paveur venu, avec des matériaux que l'on trouve communément sans que la réparation fasse tache sur l'ensemble, et ce n'est pas le moindre des avantages qu'offre ce système si l'on considère que les trottoirs des villes un peu importantes sont constamment bouleversés par des tranchées que les services publics (gaz, eau, électricité, etc.) y pratiquent à toute époque de l'année.

On peut donc émettre à son égard cette opinion qu'il est le meilleur revêtement pour les trottoirs des villes de petite importance : frais de premier établissement relativement peu élevés, matériaux communément répandus, réparations faciles et commodes, longue durée, entretien économique, propreté, nettoyage rapide, tout, en un mot, s'y rencontre pour le leur recommander.

Dallage en ciment. — Si ce système de revêtement est, en somme, peu répandu, c'est que sa bonne confection et sa réussite sont dépendantes d'un si grand nombre de facteurs qu'il est extrêmement rare de voir une opération de cette nature exécutée avec toutes les précautions et sous toutes les conditions requises, pour obtenir un travail bien fait, solide, durable, donnant, en un mot, toutes les satisfactions qu'on est en droit d'en attendre, eu égard à son prix de revient.

La propreté et la bonne qualité des matériaux, la proportionnalité et la façon de les mélanger, leur mise en œuvre, les mesures à prendre contre une dessiccation trop rapide sont autant de précautions auxquelles il est nécessaire de s'astreindre successivement et avec une attention soutenue, car l'inobservance de l'une quelconque d'entre elles, est une cause fatale de non-réussite. Même ceux qui ont une belle apparence, ne tardent pas, au bout de quelque temps, à se fendiller et à se crevasser ; on constate des inégalités dans l'usure, l'eau s'infiltre dans les crevasses produites, les boursouflures s'aggravent de plus en plus, enfin, sous l'influence de ces diverses causes, la surface du dallage devient raboteuse d'abord, flacheuse ensuite et finalement le trottoir est, après un petit nombre d'hivers, aussi mauvais qu'avant l'opération, tout au moins dans certaines de ses parties.

Son entretien est coûteux et difficultueux ; il ne s'use pas, avons-nous déjà dit, uniformément et il se prête mal aux raccommodages par petites pièces dont la liaison avec les parties anciennes ne se fait généralement pas bien, toujours en raison des précautions méticuleuses qu'il faudrait prendre, et qu'on ne prend presque jamais. Donc, prix de revient très élevé, difficultés de réussite et d'entretien, sont autant de défauts à son compte.

Bitumage. — Le bitumage constitue assurément le revêtement idéal : surface unie et sans interstice, douceur de la circulation, facilité de nettoyage, absence de réverbération, etc. ; sa surface raboteuse permet de s'en servir dans des pentes considérables, toutefois, pour augmenter la sûreté du passage, il y a intérêt à couvrir de rainures en carré distancées de $0^m,10$ et de $0^m,01$ de profondeur la surface des trottoirs dépassant

5 % de déclivité. Malheureusement, ce mode de revêtement est d'un prix élevé et il exige des appareils et des ouvriers spéciaux que, dans les villes de petite et même de moyenne importance, on hésite à mettre en mouvement quand il ne s'agit que de faibles racommodages, de telle sorte qu'il n'est pas rare de voir, sur les trottoirs bitumés de ces villes, des trous, des flaches rester des mois sans être réparés. De plus, l'entretien convenable d'un trottoir bitumé, fatiguant moyennement, nécessite une dépense annuelle élevée. Par suite, le bitumage des trottoirs est une opération à la portée seulement des villes possédant des ressources importantes.

Goudronnage. — Le goudronnage des trottoirs consiste dans l'étalage de couches de goudron sur la plate-forme en terre du trottoir, préalablement réglée et bien dressée, opérations qui peuvent être faites par n'importe quels ouvriers. Deux hommes suffisent à cette tâche; l'un, apportant le goudron, le plus chaud possible, dans un arrosoir sans pomme et le versant à même sur la plate-forme du trottoir où l'autre l'étale, au fur et à mesure, avec un balai de crin ordinaire. On saupoudre la surface ainsi goudronnée d'un peu de sable fin et on livre à la circulation quelques heures après.

Il est indispensable d'opérer sur un trottoir non humide et par un temps chaud et sec; le résultat obtenu donne l'impression d'un trottoir bitumé et la surface en est d'autant mieux unie que l'on a pris plus de soin à la bien dresser avant l'opération de l'étalage. On a également remarqué que lorsqu'on goudronne un trottoir pour la première fois, il est préférable d'opérer au commencement de la belle saison, qu'il vaut mieux aussi ne pas se contenter d'une couche unique et en passer une seconde, au moins avant la mauvaise saison. Par la suite, une couche tous les ans paraît devoir être suffisante.

La dépense de premier établissement est très minime, et encore plus minime celle d'entretien. On peut donc avoir moyennant une dépense insignifiante, un trottoir propre, uni, imperméable, doux à la circulation, toutes qualités intéressantes pour les villes de petite et de moyenne importances dont nous parlons plus haut.

Nettoiement de la voie publique. — Un séjour prolongé des poussières et des déchets de la vie animale sur les chaussées ne pourrait qu'accroître leur action fâcheuse, aussi bien à l'égard du revêtement que de l'atmosphère ; par suite, il y a lieu de procéder aussi souvent que possible au nettoiement de la voie publique par des opérations telles que le balayage ou époudrement, l'ébouage, l'arrosage et le lavage.

Jusqu'à ces derniers temps, le balayage et l'ébouage avaient pour but l'assainissement de la voie en vue de sa conservation et de sa propreté. Avec le développement de plus en plus grand de l'automobilisme, la présence sur la chaussée, de poussière ténue, même en petite quantité, devient gênante et, parfois, dangereuse comme nous l'avons vu. Comme on ne saurait attendre que la couche poussièreuse soit telle que les roues des véhicules y laissent leur empreinte, le nettoiement demande à être pratiqué d'une façon plus complète, et à être renouvelé aussi fréquemment que le permettent la consistance de la chaussée et les ressources financières dont dispose la ville. La pratique ayant montré que le balayage est susceptible de nuire aux chaussées macadamisées durant la sécheresse, on doit l'effectuer particulièrement à la suite des pluies qui viennent à se produire.

L'ébouage est d'une utilité immédiate pour les usagers et les riverains de la voie publique; il favorise la lutte contre la poussière puisqu'il en fait disparaître les éléments. Mais, attendu qu'il est rendu d'autant plus délicat que la boue a séjourné plus longtemps sur la chaussée au grand préjudice de celle-ci, il découle qu'on doit l'effectuer dès que la boue atteint un degré de fluidité suffisant, sans attendre qu'elle ait réduit la fermeté de la chaussée ou repris elle-même une constance qui la rende adhérente. La boue naissante, produite par temps brumeux ou pluie fine, doit également être combattue au rabot, ou mieux, comme l'indique M. Bret, ingénieur des Ponts et Chaussées, chef de la 6e section de la voie publique de Paris, par un arrosage permettant un enlèvement plus complet que le balayage. Un sablage léger peut être d'un grand secours, à titre provisoire, lorsque les circonstances font qu'on ne peut en temps utile, enlever cet enduit gras, notamment quand la couche est trop mince pour être rabotée. Quant aux produits provenant du balayage et de l'ébouage, il est indispensable de procéder à leur mise en tas et à leur enlèvement le plus tôt possible parce que leur séjour prolongé sur la chaussée les exposerait à la dispersion et à leur retour sur la chaussée.

Les deux opérations précédentes ne peuvent faire disparaître complètement les éléments de la poussière ; certes, convenablement exécutées, elles en diminuent grandement les inconvénients, mais elles sont malgré tout insuffisantes dans les agglomérations et sur les voies très fréquentées ou de luxe. Aussi, durant les jours d'été, l'arrosage devient-il nécessaire pour agglomérer les particules de poussière et déchets ayant échappé au balayage, sans parler de la fraîcheur qui en résulte. L'efficacité de cet arrosage est forcément de courte durée parce qu'il y a en jeu bon nombre d'influences — exposition, nature et état du revêtement de la voie, température, etc. ; — toutefois elle se prolonge au delà du moment où la chaussée semble sèche, c'est-à-dire que la légère cohésion des particules subsiste quelque temps et le déplacement d'air produit par les automobiles ne soulève, en somme, que peu de poussière dans les endroits qui n'ont pas encore été touchés par la circulation.

A l'égard des chaussées macadamisées, l'arrosage exécuté dans une juste mesure, leur est profitable, et l'on a reconnu que ces sortes de chaussées atteignaient leur maximum de résistance dans un état léger d'humidité, lequel en maintenant la cohésion de leurs éléments, leur donnait une certaine élasticité, sans toutefois atteindre la mobilité.

Chaque arrosage, toujours d'après M. Bret, ne doit pas utiliser plus d'un demi-litre d'eau par mètre carré ; mais s'il s'agit d'une chaussée macadamisée et assez chargée en poussière, cette quantité peut être portée à un litre. Il convient de ne pas dépasser cette limite parce qu'on provoquerait la formation de la boue ou le ruissellement de l'eau d'arrosage en pure perte. Quant au nombre des arrosages, il dépend évidemment de la température, de l'exposition de la voie et sa nature.

Parmi les opérations que comporte un nettoiement soigné, figure le lavage à grande eau. Cela est même nécessaire sur le pavage en bois en raison de sa porosité qui rend adhérentes les matières humides, et sur l'asphalte qu'une mince couche grasse rend très glissant. Il n'y a pas de procédé plus rapide pour débarrasser complètement une chaussée des matières susceptibles de produire de la poussière ou de la boue, malgré les soins apportés au balayage à l'ébouage. Lors de la réunion de l'*Association allemande d'hygiène publique* en 1902, Th. Weyl déclarait que la désinfection des voies publiques était une chose purement et absolument théorique, qu'elle constituait, si l'on voulait se donner la peine d'aller au fond des choses, une pure illusion. Au lieu de désinfecter, aux lieu et place des antiseptiques toujours plus ou moins coûteux, c'est à l'eau, sous forme de grands lavages, d'irrigations multiples et abondantes qu'il faut, d'après lui, avoir recours. Malheureusement, les dépenses importantes que le lavage entraîne, aussi bien en main-d'œuvre qu'en eau, en restreignent forcément l'application. A Paris, on ne lave seulement, plusieurs fois par semaine, que les voies de luxe à roulage intense.

L'utilité des précédentes opérations étant démontrée, examinons l'outillage nécessaire en vue de les exécuter. Durant ces dernières années, cet outillage a donné lieu à de sérieuses recherches en vue d'obtenir un meilleur réglage des quantités d'eau répandues sur le sol et un meilleur ressuyage des chaussées lisses après lavage, et, enfin, l'application de la traction mécanique au matériel de nettoiement avec toutes les conséquences qui en résultent, notamment la possibilité de réunir dans un même engin les appareils d'arrosage et de balayage.

Le balayage à bras est le plus répandu, vu la simplicité du matériel qu'il nécessite et à cause de la présence du personnel permanent sur les chaussées macadamisées ; il est généralement pratiqué avec des balais de brindilles ou avec des brosses. Les premiers sont utilisés surtout pour un balayage léger, aussi doivent-ils être de faible volume, à brins allongés et pourvus d'un long manche de manière à permettre au balayeur de couvrir une grande surface à chaque passe; un cantonnier peut ainsi dans une journée époudrer 3 à 4 kilomètres de chaussée macadamisée, en repoussant la poussière sur les côtés de la chaussée par un déplacement alternatif et continu du balai promené, presque à plat, d'un seul trait, dans toute largeur à balayer, tout en faisant varier la pression selon la quantité de la poussière et la consistance de la chaussée macadamisée. L'adversaire à combattre, la poussière impalpable, lui échappe en partie, à moins de multiplier les passes du balai ou de lui donner plus de compacité et de l'employer en bout, ce qui réduit notablement la surface balayée. Quant au balai-brosse, formé de plusieurs rangées de loquets en fibres de bambou ou en piazzava presque perpendiculaires au manche, il a plus d'action sur la poussière. Pour de faibles épaisseurs et une chaussée peu consistante, l'ouvrier peut se servir de la brosse en la tirant à lui; mais, le plus ordinairement, il la pousse, en augmentant ainsi la pression sur le sol et l'effet du balayage. L'outil n'ayant que $0^m,45$ environ de largeur, le rendement en travail est faible, de 300 à 400 mètres carrés par heure. Le balai-brosse, à résistance facultative, se compose d'une seule rangée de loquets, de même nature, mais plus fournis et plus longs, appuyés sur une tringle transversale dont la distance à la planchette est réglable. On peut ainsi donner aux brins la raideur ou la souplesse appropriée à l'état de la chaussée. Étant plus léger, la largeur de ce balai-brosse en est portée à $0^m,65$. Son rendement est moyen.

Quand une boue compacte est à enlever, on fait usage de rabots ou raclettes en tôle d'acier de $0^m,30$ de largeur avec lesquels on peut ébouer environ 200 mètres carrés à l'heure. Sur les revêtements lisses, les raclettes caoutchoutées, de largeur pouvant atteindre $0^m,80$, permettent l'enlèvement rapide de la boue ayant une fluidité suffisante pour ne pas être adhérente ; grâce à la continuité de leur surface d'appui, elles assurent un nettoiement plus complet. Sur macadam, l'irrégularité de la surface et la plus grande compacité de la boue rendent délicat l'emploi de ces appareils ; l'usure du caoutchouc est rapide, et la largeur doit en être réduite a $0^m,50$ au maximum. La surface ébouée est d'environ

500 mètres carrés par heure, alors qu'elle peut atteindre et même dépasser 2 000 mètres carrés sur asphalte avec boue liquide.

On a également essayé de machines ébooueuses à traction mécanique ; elles peuvent donner un bon résultat si les rabots dont elles se composent sont à charge réglable, assez courts et multipliés pour s'engager dans les dénivellations. Une de ces machines, utilisée par le service du nettoiement de la ville de Paris, est constituée par un chariot à quatre roues portant deux rangs de trois racloirs juxtaposés, largeur selon une ligne inclinée par rapport aux essieux, avec manches tirés, sur lesquels peut être déplacé un poids pour régler la pression sur le sol d'après l'épaisseur et la compacité de la boue. La largeur rabotée est d'un mètre dans les machines à un cheval, et de deux mètres dans celles à deux chevaux ; les raclettes d'arrière sont pourvues d'une lame de caoutchouc afin de complèter et parfaire l'ébouage effectué par celles d'avant. Le petit modèle peut ébouer une surface d'environ 20 000 mètres carrés par jour. Pour assurer un nettoiement plus complet des pavages en bois et des chaussées asphaltées, par temps boueux ou lors des lavages, on fait également usage, à Paris, de raclettes en caoutchouc, portées par un châssis adapté à l'arrière de la machine balayeuse, à manches poussés, de manière à obtenir le meilleur ébouage avec la moindre charge ; dans un autre type, les raclettes coulissent verticalement dans des glissières.

Quant aux machines balayeuses à traction animale, les divers types qui sont un peu partout employés, consistent en un rouleau-brosse dont l'axe incliné par rapport à l'essieu, est animé d'un mouvement de rotation contraire à celui des roues de manière à ramener les produits du balayage, en cordon continu, à une extrémité de rouleau. On peut, de cette façon, balayer une surface de près de 5 500 mètres carrés par heure avec un cheval. Le rouleau peut être formé d'éléments plus ou moins raides, piazzava, fibres de bambou ou de rotin, selon le revêtement de la chaussée. Les machines de la ville de Paris sont munies d'un compteur de tours, pour le contrôle du travail ; de plus, grâce à un dispositif spécial, un même levier commande simultanément l'abaissement du rouleau-brosse et son embrayage.

Les ingénieurs de la ville de Paris ont cherché à utiliser, pour le balayage, un engin léger et rapide, tout en se servant des machines balayeuses actuelles, c'est-à-dire qu'au cheval on a substitué un avant-train automobile. L'attelage de la balayeuse sur celui-ci, du modèle Latil avec moteur de 12 chevaux, a été obtenu en modifiant légèrement les brancards ; la longueur totale d'encombrement est inférieure à celle des balayeuses à traction animale, 4 mètres au lieu de cinq. Le rendement journalier est le même qu'avec cette dernière, mais faute de suspension de l'essieu portant le balai (bandages métalliques et pas de ressorts) et la vitesse de translation atteignant jusqu'à 15 kilomètres à l'heure, des soulèvements intempestifs du rouleau-brosse se produisaient, et, par suite, des lacunes dans le balayage. Des recherches sont faites pour obvier à cet inconvénient. Est également en essai une autre machine qui a été étudiée de façon à utiliser la traction automobile, tout en conservant le mécanisme de balayage actuel, et à réaliser un engin aussi simple et aussi maniable que possible, et de faible encombrement.

Pour l'arrosage de la chaussée, on conçoit que l'on doive l'effectuer de telle sorte qu'il réalise un mouillage uniforme et de degré convenable. Ces desiderata sont difficiles à être obtenus avec la lance, les cantonniers ayant une tendance à noyer la chaussée alors, cependant, que le ruissellement doit être évité. En outre, l'arrosage à la lance exige des prises espacées de 30 à 50 mètres, selon la pression, avec débit limité à environ un litre par seconde afin d'éviter précisément les dégradations par excès d'eau; un homme répand ainsi environ un litre par mètre carré sur une surface de 7 500 mètres carrés dans une heure.

Mais, le plus souvent, on emploie des tonneaux en tôle montés sur deux roues contenant 1 000 à

1 400 litres et traînées par un cheval. L'eau est généralement répandue par une rampe courbe percée de trous, de façon à rendre uniforme la dispersion ; parfois, cette rampe est remplacée, comme par exemple à Paris, par deux boîtes cylindriques du système Plainchamp, percées de trous et dans lesquelles se déplace un piston afin de faire varier, selon les besoins, le nombre des orifices en service et, par suite, l'intensité de l'arrosage, ce qui ne peut être obtenu par le moyen de la rampe, en manœuvrant les robinets, sans influer sur la largeur mouillée. Cette largeur varie de $5^m,30$ à $3^m,50$ pendant la vidange de la tonne ; en tenant compte du réjaillissement, la surface arrosée avec 1 200 litres varie de 2 400 à 2 900 mètres carrés, en dix minutes, à raison de $0^l,500$ à $0^l,415$ par mètre carré. Le nombre de tonneaux vidés dans une journée dépend du débit et de l'espacement des prises d'eau ; dans une ville, on doit, d'après M. Bret, pouvoir compter sur 15 à 20 tonneaux vidés, soit environ 50 000 mètres carrés mouillés par jour.

La pratique ayant montré que, pour réellement abattre la poussière sans la transformer en boue, il fallait l'humecter rapidement, on a été amené à remplacer la traction animale par la traction mécanique, moteur électrique, à essence ou à vapeur. Dans ces arroseurs automobiles, le mécanisme d'arrosage comporte une tonne métallique de capacité variable, généralement cloisonnée intérieurement, de manière à éviter les brusques déplacements de l'eau pendant la marche du véhicule ; une pompe actionnée par la moteur même et munie d'un embrayage particulier ; un robinet distributeur envoyant l'eau dans deux déverseurs cylindriques indépendants, placés soit à l'avant, soit à l'arrière du châssis. L'embrayage de la pompe et la commande du robinet distributeur se font du siège du conducteur, ce qui permet à celui-ci d'arroser, à volonté, soit à droite, soit à gauche, soit simultanément des deux côtés du tonneau. La pompe est munie d'un système spécial de clapet régulateur, permettant, pendant l'arrosage, de régler la pression de projection d'eau et de refouler cette dernière dans la tonne quand le robinet distributeur est fermé. La largeur d'arrosage est variable à volonté et peut atteindre un maximum de 15 mètres.

Le châssis comporte un moteur d'une puissance proportionnelle à la capacité de la tonne, c'est-à-dire 2 500, 3 000, 3 500 et 4 000 litres pour des puissances de 10 à 20 HP. L'allure de la machine en palier est de 12 à 25 kilomètres à l'heure et la marche arrière de $4^{km},500$.

Depuis 1903, la ville de Paris utilise un tonneau à vapeur contenant 5 000 litres d'eau pour la chaussée de l'avenue du Bois de Boulogne, où l'arrosage à la lance présentait de sérieux inconvénients. A chaque passage, une largeur de 10 à 12 mètres peut être mouillée, l'eau étant envoyée par une pompe centrifuge dans des boîtes Plainchamp, mais afin de réduire la hauteur des jets, la largeur est réduite à 8 ou 9 mètres par passe. Dans une journée, 18 tonnes sont vidées à l'allure moyenne de 9 kilomètres à l'heure et à raison de $0^l,520$ par mètre carré. Ce tonneau automobile arrose ainsi journellement une surface de 173 000 mètres carrés, soit plus de trois fois le travail d'un tonneau à un cheval, en consommant seulement six hectolitres de coke.

Il devait également venir à l'esprit de remplacer la balayeuse ordinaire par une balayeuse à pulvérisation, autrement dit d'associer, dans un même appareil, l'arrosage préalable au moyen d'un réservoir d'eau fixé contre le siège du conducteur et le balayage subséquent représenté toujours par le rouleau-brosse placé sous le véhicule. Le réservoir sert à humecter légèrement, mais d'une façon constante le rouleau-brosse, par suite, la poussière alourdie ne s'élève plus en tourbillonnant derrière la balayeuse. L'avantage de ces sortes de balayeuses est de permettre le balayage à un moment quelconque de la journée, même avec une circulation active, sans provoquer les plaintes des passants ou des riverains et aussi le balayage des boues épaisses sans l'opération d'un arrosage effectué séparément, la quantité d'eau versée sur le sol pouvant être à volonté, faible ou abondante.

Ces balayeuses à pulvérisation peuvent être à traction animale ou à traction mécanique. Dans ce dernier cas, le moteur a généralement une puissance de 10 HP. Le train balladeur unique donne trois vitesses, 16 kilomètres, $10^{km},500$ et 6 kilomètres, et la marche arrière 5 kilomètres à l'heure. Le réservoir est placé alors derrière le siège du conducteur. La pompe de pulvérisation à engrenages, refoule l'eau du réservoir dans la rampe de pulvérisation ; un clapet de sûreté permet le retour d'une certaine quantité d'eau au réservoir si le débit de la rampe est plus faible que celui de la pompe. La pompe arrose uniformément sur toute la longueur du balai, et est établie pour projeter l'eau en nappe triangulaire et à l'état de brouillard. En comptant sur une vitesse moyenne de 8 kilomètres à l'heure, on obtient comme surface balayée dans le même temps, 14400 mètres carrés, soit quatre à cinq fois plus qu'avec une balayeuse à traction animale. La balayeuse à pulvérisation automobile est donc un appareil avantageux par l'économie et la rapidité de balayage qu'il peut fournir.

Des balayeuses chargeant les produits du balayage ont été essayées en France, mais n'ont pas été suivies d'application, en raison de la charge qui en résultait pour les attelages. Elles se composent généralement d'un chariot à quatre roues portant sur l'avant un tonneau d'arrosage à débit réglable à volonté ; l'essieu arrière actionne le mécanisme du cylindre balayeur et de l'élévateur à godets. Le cylindre balayeur ramène les balayures sur un plateau placé en avant du balai ; l'élévateur les recueille sur ce plateau, les monte et les déverse dans un tombereau attelé à l'arrière et recouvert d'une bâche. Le cylindre balayeur n'arrivant au contact du sol qu'après que celui-ci vient d'être arrosé, le balayage et l'enlèvement des ordures s'opèrent sans dégagement de poussières. On trouve de ces véhicules à traction animale ou mécanique en Belgique et en Allemagne. Parfois, la balayeuse ordinaire est seulement complétée par l'élévateur-ramasseur d'ordures ; en ce cas, le rendement de travail accompli équivaut à celui de quarante hommes dans un même laps de temps.

Malgré les excellents résultats donnés par les arroseurs automobiles, on a estimé qu'en raison forcément de la durée trop courte de leur fonctionnement, ces appareils étaient incomplètement utilisés, par suite, insuffisamment amortis et qu'ils cessaient d'être réellement économiques. Pour augmenter la durée de leur utilisation quotidienne, on a pensé à les compléter par un mécanisme de balayage, d'où le nom de balayeuses-arroseuses par opposition avec la balayeuse à pulvérisation. Ces appareils combinés ont le défaut d'être lourds, coûteux d'achats et de fonctionnement. Un autre inconvénient découle de ce que la bande de terrain normalement couverte par une passe d'arrosage est beaucoup plus large que celle couverte par une passe de balayage. En supposant même que l'on puisse, d'une seule opération arroser le sol et balayer ensuite, ce qui ne se peut avec les appareils actuels, l'arrosage sera terminé beaucoup plus tôt que le balayage, dès lors, il faudra prolonger le service de l'appareil pour terminer le balayage. On véhiculera, par conséquent, en pure perte un poids mort trop considérable, puisque le poids d'une balayeuse-arroseuse de 3 000 litres est d'environ 3 tonnes et demie, le réservoir étant supposé vide, alors que le poids d'une balayeuse à pulvérisation est de 1 500 kilogrammes seulement. La dépense de combustible sera de ce fait plus élevée et la dépense d'entretien presque triple de celle qu'entraînerait l'emploi de la balayeuse à pulvérisation. D'un autre côté, la vitesse moyenne d'un véhicule automobile étant fonction de son poids et de sa maniabilité, celle de la balayeuse-arroseuse est très inférieure à celle de la balayeuse à pulvérisation, 6^{km},700 à l'heure au lieu de 10. Toutes ces mauvaises conditions seront d'autant plus onéreuses, cela se conçoit, qu'elles se prolongeront plus longtemps.

Il faut remarquer aussi que si l'arrosage peut être fait à une heure où la circulation est encore peu intense, le balayage se fait, lui, à une heure où les voitures encombrent la chaussée. Il y a donc intérêt à l'effectuer avec un appareil léger, peu encombrant, maniable et silencieux comme la balayeuse à pulvérisation. Enfin, en cas de pluie, il est moins onéreux de payer l'amortissement d'un tonneau qui reste à la remise sans rien faire, et de se servir d'une balayeuse simple, que de faire travailler une balayeuse-arroseuse qui, nous l'avons vu, rend le balayage bien plus coûteux et qui est inutile à ce moment-là, puisque la chaussée est naturellement mouillée.

Il semble donc que la solution rationnelle consiste à avoir des appareils séparés au lieu d'appareils combinés, c'est-à-dire : 1° un tonneau ou une arroseuse simple, relativement légère, 3 000 litres au maximum, de vitesse moyenne égale ou peu inférieure à celle d'une balayeuse arroseuse de même capacité, ce qui peut être obtenu avec un moteur sensiblement plus faible travaillant à pleine charge, donc économiquement. La largeur de la bande arrosée étant en moyenne de 6 mètres, la superficie arrosée sera de 72 000 mètres carrés à l'heure environ ; 2° un nombre suffisant de balayeuses à pulvérisation qui commenceraient leur service dès que celui de l'arroseuse serait terminé dans leurs secteurs respectifs. Ce nombre serait arrêté d'après la superficie totale à nettoyer et le temps accordé pour le balayage. Au surplus, le conducteur de l'arroseuse pourrait prendre une balayeuse à pulvérisation quand l'arrosage serait terminé.

Nous croyons que c'est dans cet ordre d'idées que la Ville de Paris a organisé, en janvier 1912, un concours pour son nouveau matériel automobile de voirie. La durée des épreuves était de 60 jours et les appareils étaient classés en deux catégories : balayeuses et arroseuses-automobiles ; les moteurs devaient marcher aussi bien à l'essence qu'au benzol et à l'alcool. La saison choisie devait permettre d'expérimenter tous ces appareils par tous les temps, secs, humides, et surtout par temps de gelée ou de neige. La balayeuse classée n° 1 a été celle à pulvérisation de l'ingénieur Laffly. C'est donc à ce type d'appareil, soit à traction animale, soit à traction mécanique, qu'une ville doit donner la préférence pour le nettoiement de ses voies, places et promenades. Avec cette précaution en plus de pratiquer le balayage et l'arrosage aux heures où la circulation aussi bien des voitures que des piétons est réduite à son minimum, c'est-à-dire la nuit entre onze heures du soir et six heures du matin au plus tard, selon le vœu du *Congrès international d'hygiène de Bruxelles*.

Enlèvement des boues, poussières et gadoues. — L'enlèvement des boues, poussières et ordures provenant du nettoiement des chaussées, des voies publiques et des promenades, est jusqu'ici opéré dans la plupart de nos villes d'une façon déplorable. Ces matières après avoir été amassées restent déposées sur les chaussées en attendant leur enlèvement et leur transport aux décharges publiques ou à une station *ad hoc*. Sans parler de l'aspect désagréable qu'elles offrent aux promeneurs, elles sont très souvent à nouveau dispersées aux alentours par le vent et les effets de la circulation. Parfois, aussi leur nuisance est reportée sur un autre service, comme il est fait à Paris où on projette dans les égouts les produits du balayage des chaussées entraînés par un lavage à grande eau. Ce procédé est évidemment très commode pour la propreté de la voie publique, mais il a l'inconvénient d'obliger à retirer des égouts les matières minérales et autres, ainsi projetées, parce qu'autrement la Seine serait encombrée, les champs d'épandage seraient rapidement colmatés et les lits bactériens ne tarderaient pas à être obstrués. L'extraction de ces matières, soit des égouts, soit des chambres épuratrices est, du moins, à l'heure actuelle, bien plus élevé que celui de l'enlèvement direct sur la chaussée même.

Il paraît cependant possible d'éviter la dissémination de la boue ou que la poussière voltige; c'est de recueillir l'une et l'autre dans des collecteurs mobiles et de les transporter au moyen de petits chariots métalliques traînés à bras —

du genre de ceux qu'on utilise dans les jardins pour les petits tonneaux d'arrosage — sur des points de déchargement. De cette façon, le personnel ne prendrait pas contact avec elles, et l'on supprimerait leurs diverses manutentions sur la voie publique. Ces collecteurs, sorte de caisses métalliques rondes et étanches, remplis successivement, couverts et mis en dépôt sans plus d'inconvénients sur les points désignés, seraient enlevés par un service spécial de voitures et remplacés par d'autres vides. Les personnes qui ont visité l'exposition annexée au *1er Congrès de la Route*, ont vu de tels chariots et récipients sous le nom d'appareil « Lutocar ».

L'enlèvement des ordures ménagères ou gadoues est certes une de celles qui, de jour en jour, cause le plus de difficultés et d'ennuis aux municipalités. Il était admis, il y a encore à peine quelques années, que les gadoues étaient faites pour être collectées n'importe comment après avoir été souvent déposées sur la chaussée, quand ce n'était sur le trottoir, puis transportées par le boueur, soit aux dépotoirs, soit à même dans les champs, afin de les utiliser comme engrais. Médecins et hygiénistes se sont peu à peu élevés contre ce procédé vraiment trop rudimentaire, dangereux pour la santé publique et la question de la collecte, du transport et de la destruction finale de gadoues s'est alors posée et se pose d'une manière presque aiguë devant les municipalités qui veulent évoluer et suivre le progrès.

Cette façon de déposer une caisse d'ordures ouverte sur le bord du trottoir, quand ce n'est pas celle de mettre en tas les ordures sur la chaussée, comme cela se pratique encore, même dans de grandes villes, est des plus blâmables, et on ne peut que regretter sur ce point la tolérance ou l'indifférence des municipalités de ces villes.

La caisse en tôle galvanisée, de forme cylindrique et munie d'un couvercle, devrait être d'un usage courant. On connaît les multiples inconvénients de la caisse en bois non fermée : émanations parfois infectes et insupportables à certaines époques de l'année ; la facilité qu'ont les parois de s'imbiber ou de s'imprégner assez rapidement de matières organiques ; la dispersion sur la chaussée, tout au pourtour du récipient, des ordures, détritus et débris de toute espèce qui y sont contenus et que chiens et chats s'empressent d'éparpiller et de répandre dans toutes les directions, de telle sorte qu'au moment de leur enlèvement, le boueur doit se livrer à un nouveau balayage de la chaussée et d'une partie du trottoir. Et quel balayage !

Avec la caisse métallique, cylindrique et fermée, non seulement ces inconvénients sont évités, mais de plus ne comportant ni angles ni encoignures, les résidus des matières ne peuvent s'accumuler ni adhérer, et, par conséquent, il est plus facile de la laver et de la désinfecter après utilisation.

L'idée commence à faire son chemin en France et on peut citer, à titre d'exemple d'ordre à la fois réglementaire et technique, les dispositions adoptées à cet égard, il y a quatre ans, par la ville de Nancy.

A l'étranger, on a reconnu tout de suite la nécessité de collecter les ordures ménagères dans des récipients métalliques étanches et on a prescrit de munir ces derniers d'un couvercle afin d'éviter aussi bien l'exhalaison des mauvaises odeurs que d'empêcher l'accès des mouches et des animaux de toute sorte. Nous citerons ainsi au hasard de la plume quelques villes : Glasgow, Munich (récipient type déposé à la maison communale), Augsbourg (trois modèles, 30, 60 et 90 litres). Brunswick, Nuremberg (récipients de 40 litres). Kiel, Dresde, Hambourg, Zurich (modèle uniforme imposé par le mode de transports), etc.

A Vienne et à Berlin, non seulement la caisse métallique, ronde et fermée, est obligatoire, mais on pratique le double jeu de caisses, c'est-à-dire qu'une caisse vide est déposée chaque jour dans l'immeuble, au lieu et place de la caisse pleine qui est enlevée dans une voiture construite pour cet usage. De telle sorte qu'en opérant ainsi à n'importe quelle heure du jour ou de la nuit, il ne peut en résulter aucun dommage ni la moindre gêne pour qui que ce soit. Ce remplacement de caisse se fait à Berlin entre six heures du matin et trois heures du soir, et cela avec la plus grande propreté, sans le moindre dégagement de poussière et sans tapage. Ce système du double jeu de caisses fermées, appelé à Berlin : système *Röhrecke* et à Vienne : système *Hartwich*, a été peu essayé en France ; il y a 4 ou 5 ans, une application en fut faite à Toulouse, mais bien qu'il fut de nature à améliorer grandement une situation sanitaire des plus déplorables, il fut abandonné au bout de quelques mois sous le prétexte qu'il était onéreux, comme si l'hygiène publique était une affaire commerciale.

La caisse d'ordures, qu'il s'agisse du système à double jeu ou non, ne devrait pas, autant que possible, stationner sur le trottoir ou devant la maison, à moins que l'enlèvement ait lieu de nuit, de onze heures du soir à sept heures du matin. Quoi qu'il en soit, passé huit heures du matin en été, et neuf heures en hiver, on ne devrait pas trouver une seule de ces caisses dans les rues d'une ville, et cela quelle que soit son importance. Quant au chiffonnage, il devrait être prohibé aussi bien sur la chaussée que dans la voiture, seulement autorisé sur le champ d'épandage ou à l'usine. Cette interdiction formelle de fouiller fait partie dans la plupart des villes allemandes d'un règlement d'utilité publique. Il devrait en être ainsi chez nous, car il n'est pas possible, en effet, que l'on puisse permettre aux chiffonniers de salir à nouveau le trottoir et la chaussée balayés à grand'peine et d'infecter, parfois, le voisinage en remuant de fond en comble la caisse qui peut contenir souvent des matières en putréfaction.

Si l'on use du système du double jeu de caisses, un simple camion pouvant, comme à Berlin, en transporter 44, suffit avec, pour la manœuvre et la conduite, deux hommes et deux chevaux. Mais si le système d'échange n'est pas employé, un véhicule spécial s'impose. Les tombereaux qui sont utilisés dans la plupart de nos villes pour l'enlèvement des gadoues, présentent l'inconvénient, fort nuisible à la propreté des rues et à l'hygiène publique, que les résidus légers, papiers, cendres et poussières, sont enlevés par le vent et projetés sur les passants ; en outre, ces tombereaux étant très hauts, il faut plus de personnel pour y verser les caisses à ordures ou le contenu des pelles. On a bien essayé, notamment à Paris, de tombereaux très bas, faciles, par conséquent, à remplir. Mais, s'il est vrai, qu'on peut recouvrir d'une bâche tous ces types de tombereaux quand ils sont pleins, il leur reste le défaut à tous d'être complètement ouverts durant le travail. Il faut ajouter aussi que le personnel préposé à la manœuvre et à la conduite de ces véhicules n'est pas précisément composé de gens soigneux, veillant à ne pas laisser s'échapper d'ordures au moment du chargement, assurant ensuite un bâchage effectif et nettoyant les voitures après chaque tournée, toutes prescriptions, sans doute, inscrites dans les cahiers des charges des entrepreneurs, mais à l'exécution desquelles les municipalités ne tiennent pas suffisamment la main.

Depuis quelques années, des études sont faites un peu partout en vue d'établir un tombereau qui soit réellement étanche, facile à nettoyer, couvert de façon à ne jamais laisser retomber les ordures autour de lui, muni enfin d'un dispositif qui permette la vidange des caisses pour ainsi dire sous cloche, sans qu'il se répande de poussière dans l'atmosphère. Voici, d'après un rapport présenté en 1910, au Préfet de la Seine, par M. Mazerolles, ingénieur des Ponts et Chaussées, les données générales que doit présenter un bon tombereau à ordures : « La caisse doit être entièrement métallique avec un système de fermeture approprié. Le rebord de la caisse doit être à faible distance du sol, de façon à faciliter le chargement des boîtes. On doit pourtant éviter de faire les roues trop petites sous peine d'augmenter outre mesure la résistance au roulement. Le déchargement de la caisse doit pouvoir s'opérer facilement et rapidement. Le volume doit être aussi grand que possible, afin de rendre les transports moins onéreux. On ne doit, d'ailleurs, pas perdre de vue que la capacité de la voiture est nécessairement limitée par la force des attelages. A surcharger les chevaux, on risque de perdre plus qu'on ne gagne, d'autre part, à augmenter le cube remorqué.

« Avec des voitures ainsi comprises, le basculement par *mise à cul* n'est plus possible, et il faut, soit munir chaque voiture d'appareils de levage, soit plus simplement rendre la caisse indépendante du châssis et faire basculer cette caisse après l'avoir soulevée, grâce à des engins spéciaux établis à l'usine. On peut reprocher aux engins de levage individuels par voiture d'exiger un entretien plus difficile parce qu'ils sont confiés à un personnel plus nombreux et moins expérimenté. D'autre part, les caisses amovibles ont l'avantage de se prêter aisément à un changement éventuel du mode de transport; elles peuvent, en effet, être déposées avec leur contenu, soit en bateau, soit sur des trucs de chemin de fer, et on évite ainsi tout transbordement d'ordures. Enfin, on peut avec ce système, envisager la possibilité de charger directement les fours ou les broyeurs dans les usines, sans passer par un déversement préalable dans une fosse ».

Il est fâcheux de constater que peu de villes en France utilisent jusqu'ici de voitures métalliques fermées, alors qu'elles se répandent de plus en plus en Allemagne, en Autriche, en Angleterre, en Suisse, etc. A Munich, la voiture est à deux roues, fermée de tous côtés, en bois, — le métal serait préférable à tous égards, — elle cube 2^{m3}, 830 et pèse 600 kilogrammes. Sur le sommet, on a ménagé, aux quatre coins, des ouvertures munies de doubles couvercles ; la caisse à ordures s'emboîtant bien dans l'ouverture, empêche la poussière de se répandre extérieurement. Le fond est formé de deux trappes et à l'arrière est une porte qui se redresse. L'ensemble se manœuvrant facilement par l'intermédiaire d'un levier, le déchargement de la voiture est aisé. Une fois chargées, les voitures sont dirigées vers la gare respective ; on enlève les timons et quatre voitures chargées d'ordures sont ainsi placées directement sur la plateforme d'un wagon, transportées rapidement au loin et ramenées vides, désinfectées, huit heures après, à la gare primitive.

Le tombereau est également fermé à Augsbourg ; il cube 5 mètres cubes, pèse 5 tonnes une fois rempli et a six ouvertures pourvues de couvercles, pour le versement des ordures. Il est défendu de découvrir plus d'une ouverture à la fois. A Hambourg, l'enlèvement qui a lieu la nuit, s'opère dans des voitures métalliques couvertes, conformes au modèle-type adopté par la municipalité et d'une contenance de 4 mètres cubes. A Mulhouse, à Strasbourg et dans d'autres villes allemandes, on utilise des voitures à quatre roues, d'un volume de 2^{m3},500, divisées en deux parties; la partie avant, fermée en dessus par deux couvercles, est destinée à recevoir les balayures de la rue, tandis que la partie arrière porte deux tubulures qui reçoivent la caisse à ordures, laquelle est à couvercle mobile, guidé par l'anse et se rabattant avec elle. L'homme chargé de la collecte n'a qu'à emboîter la caisse dans la tubulure et à la faire basculer.

A Zurich, les ordures sont déposées dans des boîtes d'un modèle spécial qui sont fermées par un couvercle à coulisse; il en est de même des caisses collectives du tombereau. Pour vider une boîte à ordures, on la renverse sans l'ouvrir, sur le bord antérieur de la caisse collectrice et on la pousse d'avant en arrière. Boîte et caisse s'ouvrent simultanément et se referment de même quand on fait le mouvement inverse pour retirer la boîte. Le tombereau peut comporter une caisse unique ou une série de caisses indépendantes et amovibles. Les caisses sont agencées de façon à pouvoir déverser les ordures directement dans les fours d'incinération par un mécanisme établi dans ce but. Grâce donc à ce système, les ordures mises en boîte au moment même de leur production, circulent ensuite en vase clos et ne reviennent au jour qu'à leur sortie de l'incinérateur sous forme de scories.

A New-York, on utilise un tombereau métallique à couvercle également métallique ; sa charge est d'un mètre cube en moyenne. Son aspect rappelle celui de nos tombereaux pour boues et vases provenant du curage des égouts. La ville anglaise de Westminster, modifiant, il y a trois ans, son système de collecte de manière à établir l'enlèvement journalier terminé avant dix heures du matin, après examen des divers types de chariots à couvercle, les trouvant tous lourds, sujets à dérangement, incommodes pour le travail, a estimé que la meilleure couverture était encore une bâche suffisamment large et bien adaptée. Malgré les appréhensions qu'avait fait naître ce genre de véhicules quant à l'évasion des ordures et à la dispersion des poussières aucun inconvénient sérieux, nous affirme Thompson-Lyon, n'a été signalé à l'usage.

L'automobilisme a cherché à rendre des services dans la collecte et le transport des ordures ménagères et des essais ont été notamment faits dans ce sens à Paris et à Londres ; différents types de camions, à vapeur, à essence ou à pétrole, figuraient déjà à l'*Exposition automobile* (*Poids lourds*) de 1908. Ces tentatives n'ont pas jusqu'ici réussi, du moins au point de vue économique, c'est-à-dire à cause des nombreux arrêts que les véhicules doivent faire pour recueillir le contenu des caisses, arrêts qui forcément utilisent mal le moteur et le mécanicien.

Il semble que la traction automobile ne peut devenir avantageuse que si les arrêts sont en petit nombre ou que l'on n'ait qu'à charger des caisses préparées d'avance comme dans le système du double jeu de caisses, ou encore que si le trajet à faire hors de la ville est long.

La ville de Westminster, dont nous parlons plus haut a adopté la traction mécanique. La course des véhicules est cependant courte, car les ordures ménagères sont portées à une usine d incinération très peu distante des points les plus éloignés de la zone de collecte. Liverpool utilise depuis quelques années des wagons automobiles à vapeur qui portent une charge de 4 tonnes et couvrent chaque jour un parcours d'environ 24 milles. Les wagons ont pu, au moyen d'agencements spéciaux, être utilement mis à profit en dehors des heures de collecte pour d'autres opérations de voirie : arrosage des rues, projection de gravier, etc. Les services techniques de la ville de Paris ont élaboré, dès 1910, pour la capitale, un projet de régime nouveau comportant l'emploi de la traction automobile. Cette idée de la traction mécanique fait que des hygiénistes se demandent s'il ne serait pas possible d'utiliser dès lors le réseau de tramways lequel conduit souvent loin dans la banlieue et à bon marché. La difficulté provient de la presque impossibilité d'intercaler ces transports dans le service diurne et de l'obligation, par suite, de les faire de nuit, ce à quoi beaucoup de villes ne peuvent se résoudre. Il faudrait en outre amener sur le réseau les ordures ménagères des rues non desservies par lui et là, les transborder dans des véhicules spéciaux roulant sur rails. On pourrait, à cet effet, établir en des points judicieusement choisis, des stations de transbordement couvertes et où l'on opèrerait sans dégager de poussières.

Ces solutions paraissent encore du domaine de l'avenir; il en est de même de celle fort séduisante qui consisterait à projeter toutes les ordures ménagères dans les égouts, sauf à les retirer du collecteur à son extrémité pour les incinérer ; ce serait un *tout à l'égout* d'une ampleur considérable pour lesquelles on peut faire les mêmes objections que nous présentons, au début de cet article, relativement à l'enlèvement des boues et poussières des voies publiques ; en outre, il faudrait que les égouts actuels aient une vitesse suffisante pour l'entraînement complet de tous ces corps solides.

Destruction des ordures ménagères. — La destinée finale des ordures ménagères, boues et poussières, une fois collectées, est un important problème dont la solution n'est pas plus aisée pour les villes que pour les hygiénistes eux-mêmes. On a proposé diverses combinaisons, soit l'utilisation agricole après fermentation ou après broyage, soit l'incinération.

Utilisation agricole après fermentation. — A l'article : *Souillures banales de la voie publique*, nous montrons que les ordures ménagères ou gadoues des villes contiennent les divers éléments, azote, acide phosphorique et potasse, que l'agriculture recherche précisément dans les engrais. Comme elles renferment aussi, en grande quantité, les matières cellulosiques susceptibles de donner, par rétrogradation, les éléments de l'humus, on voit qu'elles sont capables de constituer un engrais, et aussi un amendement, soit à l'état de gadoues vertes, soit à l'état de gadoues noires. Les premières sont les ordures qu'on vient de recueillir, seulement expurgées des matières inertes et des corps capables de blesser les pieds des animaux lors du labour ; les secondes résultent de la transformation des premières sous l'influence des fermentations se produisant lors de la mise en tas. Cette transformation est nécessaire si l'on veut que les fermentations dont les ordures seront l'objet, constituent ce temps de la rétrogradation qui rendra leurs éléments utilisables pour la végétation ; elle est également inévitable parce qu'elle est, en réalité, le régulateur indispensable entre la consommation agricole, qui est intermittente, et la production des villes qui est continue.

Dès les premiers jours de la mise en tas, il se produit une fermentation analogue à celle qui se déclare dans la maturation des fumiers, avec dégagement de gaz dans lesquels entrent de l'azote, de l'acide carbonique et du formène. Lorsque cette fermentation est bien en train, la masse de gadoue s'échauffe donnant lieu à des émanations malodorantes qui peuvent devenir une cause d'incommodité grave. Au bout de quelques temps, la fermentation se ralentit, la température tombe, la gadoue diminue considérablement de volume, devient noire et prend finalement l'aspect et la consistance du terreau et, dans cet état, elle se prête particulièrement bien à l'utilisation agricole.

Bon nombre d'auteurs donnent des évaluations de la valeur agricole des gadoues, mais la plupart ne considèrent que les principes fertilisants et ne tiennent pas compte de l'encombrement des matières, des frais relativement considérables de transport et de l'utilisation, plus ou moins rapide par la végétation. La pratique a montré que dès qu'elles doivent s'éloigner de leur point de production, les gadoues de ville se trouvent grevées des frais de transport qui, même avec des tarifs spéciaux de faveur, deviennent rapidement prohibitifs. En outre, du moment qu'il faut procéder à des mises en dépôts temporaires hors du lieu d'emploi, les frais de déchargement et de rechargement deviennent très onéreux. Enfin, en ce qui concerne l'utilisation pour la végétation, bien que les données analytiques conduisent à accorder à la gadoue une valeur au moins égale à celle du fumier de ferme, d'après M. Risler, directeur de l'Institut agronomique, l'expérience a appris notamment aux cultivateurs beaucerons à considérer qu'une tonne de fumier vaut deux tonnes de gadoue. C'est parce qu'on n'a pas tenu compte de tous ces points et qu'on s'en rapportait à l'appréciation simpliste de la valeur des éléments fertilisants pris intrinsèquement, que beaucoup d'illusions fondées sur l'utilisation agricole des gadoues se sont évanouies.

Les prix que l'on peut retirer de la vente d'une tonne de gadoues vertes sont variables selon les temps et les lieux ; dans tous les cas, ils n'ont jamais atteint, sauf de rares exceptions, les cours élevés que les estimations de certains auteurs faisaient entrevoir. La gadoue d'été (avril à octobre) est, au surplus, préférée à celle d'hiver ; si la première est riche en débris végétaux, la seconde, au contraire, est très chargée en cendres de charbon de terre. Aussi voit-on les cultivateurs de la Brie qui payent 3fr,75 le mètre cube de gadoue d'été, rendue sur place, n'accepter la gadoue d'hiver que si elle est, également rendue sur place, livrée pour rien.

Si, durant longtemps les ordures ménagères des villes n'ont eu d'autre destination que l'utilisation agricole comme engrais, si peu à peu la situation s'est modifiée, au point que la gadoue s'est trouvée dépréciée et même, dans certaines régions, refusée ou abandonnée, cela tient à de nombreuses causes économiques et hygiéniques, comme la diffusion des engrais chimiques plus actifs sous un volume moindre et d'un dosage plus sûr et plus aisé, les entraves parfois prohibitives, apportées dans certaines circonstances par les municipalités à la circulation et à l'emploi des gadoues sur leur territoire, les inconvénients que présentent les odeurs se dégageant des tas d'ordures dans les banlieues où les maisons de campagne se multiplient.

Les causes d'insalubrité invoquées contre l'utilisation agricole des gadoues portent à la fois sur les dépôts qu'elle oblige à faire dans la campagne et sur les dangers de propagation des germes infectieux répandus avec elles sur les champs et les cultures dites maraîchères. Les dépôts faits dans la campagne, sur les lieux mêmes de leur emploi, sont une gêne du fait de la circulation des véhicules mal ou pas du tout couverts; les odeurs qu'ils dégagent pendant la fermentation sont des plus désagréables; enfin, les eaux de pluie qui les délavent peuvent souiller des nappes d'eau ou des sources situées à proximité de ces dépôts. Ces inconvénients, du moins les deux premiers, peuvent facilement s'éviter par de simples mesures administratives forçant à placer les dépôts et tas d'ordures suffisamment éloignés des routes et des chemins ainsi que des habitations. Dans le département de la Seine, ces dépôts sont réglementés par l'ordonnance du Préfet de Police du 24 décembre 1881. Lorsque ces dépôts sont assez considérables pour former des voiries, ils sont alors soumis aux formalités prescrites pour les établissements dangereux ou insalubres de première classe par le décret de classement du 9 février 1825.

En ce qui concerne l'emploi cultural, d'après un rapport au *Comité consultatif d'hygiène publique de France* par MM. Brouardel et du Mesnil, les ordures ménagères ne pourraient constituer une cause de contamination que si les produits du balayage des rues y étaient ajoutés. Il est évident aussi que si des matières fécales s'y trouvent mélangées par incurie ou par malveillance, il y a là un danger sérieux du fait des microbes gastro-intestinaux. Dès lors, les villes agiront sagement en évitant de mélanger les poussières et boues des rues avec les ordures ménagères.

Enfouie par labour dans le sol, la gadoue ne peut présenter d'inconvénients ; aussi ce mode de fumure n'est pas compris dans ceux dont l'usage est interdit ou peut être interdit dans le voisinage des sources. Utilisée sous forme de couverture à l'égard des cultures maraîchères, la *Société de médecine publique et de Génie sanitaire* est d'avis qu' « à moins de stérilisation préalable, la fumure dite en couverture doit être rigoureusement interdite, en ce qui concerne les terres couvertes de productions légumières ou fruitières destinées à être mangées à l'état cru ». Mais alors cette restriction devrait être appliquée aussi à l'égard du fumier de ferme, lequel est toujours souillé de matières fécales. Pour le Dr Pottevin, toutes ces appréhensions et ces plaintes concernant les tas de gadoue en vue de la fumure ou la fumure à la gadoue paraissent exagérées au point de vue des contaminations spécifiques. Dans tous les cas, si l'article 74 du règlement-type, applicable aux villes et prévu par la loi du 15 février 1902, indique qu'il est défendu de déverser des matières de vidange et des eaux d'égout sur les champs où sont cultivés au ras du sol des légumes et des fruits destinés à être mangés crus, il est muet sur l'emploi possible des ordures ménagères pour ces mêmes cultures.

Nous disons au début de cet article que les ordures ménagères peuvent être également utilisées comme amendement. Effectivement, on a pu, grâce à elles, gagner à l'agriculture des espaces considérables de terres jadis incultes, notamment en Belgique pour la Campine, au moyen des gadoues d'Anvers et, en France, pour la Crau d'Arles, avec les ordures ménagères de Marseille. Ainsi de 1887 à 1901, sous la direction de l'ingénieur de Montricher, il a été, dans la Crau, conquis à l'agriculture plus de 4000 hectares de terrain pierreux et improductif.

Utilisation agricole après broyage. — On a pensé qu'il était possible d'éviter la mévente des gadoues des villes, en offrant aux agriculteurs non pas un produit brut, à composition des plus hétérogènes et renfermant quantité de débris inorganiques et encombrants, mais une matière triée et homogénéisée par un broyage approprié. Et c'est ainsi qu'est née, en 1876, la première usine de broyage de gadoues parisiennes à Saint-Ouen; depuis lors, d'autres usines se sont établies à Issy-les-Moulineaux, à Romainville et à Vitry-sur-Seine. La *fig.* 1 montre le schéma d'une usine de broyage.

Dans les usines de Saint-Ouen, Issy-les-Moulineaux et Romainville, propriétés de la *Société des Engrais complets*, les ordures ménagères déversées par les tombereaux dans de grandes fosses où elles s'entassent aux heures d'arrivage de sept à dix heures du matin, sont livrées à des chiffonniers agréés, ensuite elles sont entraînées par une toile sans fin posée dans le fond de la fosse. Quatre ouvriers trieurs placés le long du chemin mobile enlèvent au passage les tessons de bouteilles, débris de porcelaine, boîtes de conserves, ainsi que tout corps ou matière impropre à l'agriculture. La gadoue est alors conduite dans un broyeur-malaxeur d'où elle sort divisée par arrachement ou étirement et réduite en menus morceaux, lesquels actuellement sont soumis à un tamisage qui sépare une partie fine

Silos
Voie d'enlèvement
des gadoues broyées
Toile transporteuse des gadoues broyées
Voie d'enlèvement des matières étrangères
Table de triage
Élévateur
Broyeurs
Entrée des ordures vertes
Toile transporteuse
Silos
Table de triage
Élévateur
Broyeur
Toile
transporteuse
Silo
Table de
triage
Entrée des
ordures
Voie d'enlèvement
des gadoues broyées
Voie d'enlèvement
des matières étrangères

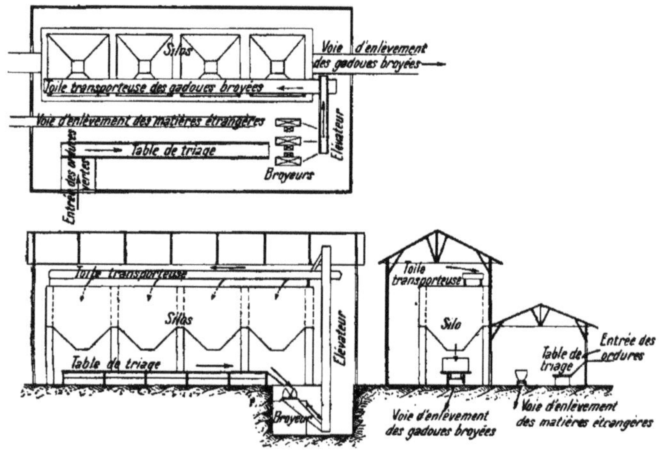

Fig. 1.

ou poudre de gadoue à utilisation agricole et un refus qui est brûlé.

Dans l'usine de Vitry-sur-Seine, créée en 1907, et appartenant à la *Société générale des Engrais organiques*, le mode de traitement diffère un peu. Les gadoues vertes amenées à l'usine le matin par les tombereaux qui les ont collectées dans les rues, sont déchargées dans une fosse longitudinale, dont le fond, profond d'environ deux mètres, est formé par un chemin roulant sur lequel des ouvriers étalent sommairement et rapidement les gadoues, tout en procédant à un premier triage destiné à les débarrasser des corps encombrants. De ce chemin roulant, les gadoues passent par l'intermédiaire d'un élévateur, sur une toile sans fin passant au-dessus des broyeurs. Au droit de chacun de ces derniers se trouve placé un ouvrier qui pousse les gadoues dans l'entonnoir de chargement, en même temps qu'il enlève à la main les objets volumineux qui ont échappé au premier tirage : Les broyeurs sont du type Schœller à marteaux mobiles et dont l'action est basée sur le principe du cassage à la volée. Ils réduisent la plus grande partie des gadoues en une poudre dans laquelle se retrouvent encore, à l'état primitif, certaines substances, telles que les papiers, la paille, les chiffons, etc. Cette poudre tombe sur un autre chemin roulant qui la déverse sur un élévateur par l'intermédiaire duquel elle est conduite dans un vaste rouleau-cribleur formé d'une enveloppe cylindrique en tôle, percée de trous dont l'axe est incliné vers l'avant, et qui est animée d'un mouvement de rotation. Le produit qui s'échappe par les trous du rouleau-cribleur représente un peu plus des quatre cinquièmes du poids total de la gadoue broyée ; il est absolument semblable à du terreau noirâtre que la Société exploitante appelle « poudro » et qu'elle vend comme engrais. Le refus du rouleau-cribleur est brûlé. Le poudro pèse de 1 100 à 1 200 kilogrammes le mètre cube, alors que la gadoue verte pèse de 500 à 600 kilogrammes ; son odeur, assez prononcée aussitôt après la fabrication, s'atténue avec le temps et, au bout de trois semaines, elle a complètement disparu. Afin de pouvoir le conserver sans inconvénient en magasin, la Société songe à le rendre absolument imputrescible en le stérilisant par la chaleur dans des dessiccateurs Huillard.

Par ce second procédé de traitement, on obtiendrait avec 100 tonnes de gadoue brute, environ 80 à 85 tonnes de poudro et 15 à 20 tonnes de déchets divers possédant un pouvoir calorifique qui équivaudrait à celui de 5 à 6 tonnes de charbon de terre ; la combustion de ces détritus peut, par suite, engendrer une chaleur suffisante soit pour faire fonctionner l'usine de broyage, soit pour fournir une force motrice supplémentaire.

La même Société a installé une usine de broyage à Toulon où les matières combustibles, séparées par le triage préliminaire sur toile sans fin ou rejetées par le rouleau-cribleur, produisent la force motrice nécessaire au fonctionnement de l'usine et à la stérilisation du poudro ; cette seconde opération s'opère par le passage du poudro dans deux tours successives où il rencontre, marchant en sens inverse, les gaz du foyer qui le portent dans la première tour à 160° et qui achèvent de l'assécher dans la seconde à 160°. La matière n'est plus finalement qu'une poudre noirâtre qu'on ensache et qui reste sans odeur.

Cette méthode paraît excellente pour l'agriculture, et, cependant, il faut reconnaître qu'elle n'a pas résolu complètement l'écoulement agricole des gadoues parisiennes. En présence des méventes toujours persistantes et de la défaveur de la gadoue d'hiver que ces opérations de broyage et de tamisage ne peuvent améliorer puisqu'au contraire, plus le broyage est perfectionné, plus les cendres qui les composent passent facilement par les trous du rouleau-cribleur, on a dû établir partout, à côté de l'usine de broyage, une usine d'incinération susceptible de brûler non seulement le refus, mais l'invendu et, le cas échéant, toute la production, fait qui se serait produit, croyons-nous.

Au point de vue de l'hygiène, l'utilisation par broyage nous paraît d'autant plus critiquable que les ordures ménagères ont eu le temps d'entrer en fermentation, et même en putréfaction, depuis le moment où elles ont été jetées dans les caisses des habitants, et que les éléments qu'on retire lors des tris entraînent avec eux une partie des germes produits par ce commencement de putréfaction. Le broyage ne peut que donner lieu forcément à un dégagement de poussières malsaines d'autant plus abondantes que cette opération est plus complète, et l'on devine aussi que quelques précautions que l'on prenne, le tamisage mécanique doit à son tour en provoquer de nouveaux et abondants. Arriverait-on même à les restreindre, qu'il y en aurait toujours de trop. Et si les ordures sont souillées à leur début par des germes, il est évident qu'elles le sont encore à leur sortie du broyeur. On ne voit pas un broyeur, serait-il le plus perfectionné, réduisant les microbes en poussières de microbes, et de pathogènes les rendant saprophytes. Le broyeur lui-même peut être un milieu de contamination et ainsi contaminer des ordures qui ne l'étaient pas. Il paraît donc difficile d'admettre que, dans ces conditions, on puisse implanter un tel foyer d'infection et de contamination en temps d'épidémie, en plein centre d'une ville ou même à une faible distance d'une agglomération. C'est l'avis de M. Van der Perk, directeur de la voirie de la ville de Rotterdam : « Au point de vue de l'hygiène générale, quelque bonne que soit l'installation, il faudra toujours un nombre considérable d'ouvriers afin que cette masse d'ordures jetée pêle-mêle, et par cela même sans aucune valeur, puisse en prendre une grâce au triage et à la séparation de ses différents éléments. Mais ces ouvriers sont continuellement exposés au danger de compromettre leur santé, et il en est de même de ceux qui sont chargés du transport et des manutentions. Si donc, en temps normal, quand il se présente peu ou pas de maladies contagieuses, ce danger doit être pris en considération (et il suffit pour s'en rendre compte de songer à ce que contiennent les boîtes à ordures), à plus forte raison prend-il de l'importance dès qu'une épidémie éclate dans la ville, surtout avec des maladies telle que le choléra, la peste, etc. Si l'on tient compte de l'éventualité qui existera toujours, de la suppression de tout revenu en temps d'épidémies et des mesures de préservation qu'on devra prendre pendant ces périodes critiques, comme à Hambourg, par exemple, mesures qui nécessiteront des dépenses susceptibles d'atteindre rapidement des centaines de mille francs, il n'est pas surprenant que je sois peu partisan de la construction d'une usine de broyage ».

Dans un rapport à la *XIXe Assemblée générale de salubrité publique de Hambourg*, l'ingénieur en chef des travaux de cette ville, M. J. Andréas, exprimait la même opinion qu'il étayait sur les événements qui s'étaient déroulés lors de l'épidémie de choléra de 1892. Et c'est pour les mêmes raisons que de telles installations n'offrent guère de sécurité, par suite du chiffonnage et du triage tant pour le personnel ouvrier que pour les agglomérations du voisinage, que la Commission d'hygiène de la ville du Hâvre, consultée sur un projet de destruction des ordures ménagères hâvraises par broyage, le rejetait en ajoutant qu' « il arrivât que des cadavres de rats autopsiés fussent reconnus suspects, cette circonstance ne serait-elle pas de nature à provoquer l'interdiction de la vente d'un engrais susceptible de devenir un agent de contagion à distance, et à engager par voie de conséquence, la responsabilité pécuniaire de la ville ! »

Au point de vue économique, la critique peut s'exercer également. Dès lors que, pour pouvoir parer à toutes les circonstances possibles, une usine d'incinération est juxtaposée à l'usine de broyage — ce qui fait, de ce procédé, une méthode mixte, — il découle que cette usine d'incinération doit avoir l'importance même qu'elle devrait avoir si l'on procédait à l'incinération intégrale. On peut noter aussi, concernant le pouvoir calorifique du refus, comme source d'énergie électrique, par exemple, que le refus ne peut représenter qu'une faible fraction des matières combustibles contenues dans les ordures. Plus le broyage sera perfectionné, plus il sera permis à une proportion considérable de ces matières combustibles et notamment aux particules de charbon renfermées dans les cendres, lesquelles forment souvent un grand appoint au point de vue de la puissance de vaporisation des ordures, de s'échapper du rouleau-cribleur, d'où pertes sur la puissance calorifique des ordures. Enfin si, aux dépenses d'installation, de main-d'œuvre et de force motrice nécessitées par ces diverses opérations, triages, broyage, tamisage et incinération, on ajoute les frais de transport et d'emmagasinage pour attendre l'heure propice à la vente, si l'on songe aux aléas auxquels celle-ci est soumise, par suite, du jeu naturel de l'offre et de la demande, on est en droit de se demander si vraiment cette méthode mixte est aussi économique qu'on veut bien le dire. Il est un fait certain, c'est que, pour sauver les sociétés concessionnaires, la ville de Paris a dû d'abord payer par annuités les usines de broyage et subventionner leur exploitation, puis encore aller plus loin, de telle sorte qu'il s'agit d'une véritable régie intéressée.

Incinération. — Cette méthode ne comportant pas de triage préalable, de manutentions repoussantes ou dangereuses, ni de dégagement de poussières plus ou moins infectieuses, résout la question des ordures ménagères de telle sorte que les hygiénistes ne peuvent que lui accorder sans réserve leur adhésion. Si, au début, on a relevé à l'encontre des usines d'incinération des causes d'insalubrité ou d'incommodité, cela tenait à ce que l'outillage dont on disposait était encore loin de satisfaire à toutes les exigences ; on prétendait également que les ordures des villes françaises n'étaient pas comburantes. Aujourd'hui, il n'en est plus de même à la suite de dispositifs mécaniques que l'expérience a fait se créer.

Les premiers essais d'incinération furent faits à Londres en 1870 ; bien que les résultats fussent médiocres, Bruxelles, en 1872, et Hambourg, en 1875, n'hésitèrent pas à établir des usines qui fonctionnent encore presque dans les conditions primitives. C'est seulement en 1895 qu'à Paris des fours d'essai furent annexés à l'usine municipale de Javel, sous la direction de M. Petsche, qui considérait quelques temps après les résultats de ces essais comme très favorables et de nature à faire concevoir la possibilité d'une application en grand. La question resta, malgré cela, en suspens et si, en 1907, on songea à l'incinération, ce ne fut que comme auxiliaire du broyage, c'est-à-dire dans la mesure où la production de l'engrais gadoue dépassait les besoins de l'agriculture.

Les fours du début étant à tirage naturel, il arrivait que la température n'y atteignait jamais le degré voulu pour que la combustion des gaz produits par la distillation des ordures ménagères, au moment de leur entrée dans le four, fut complète ; de plus, il se dégageait par la cheminée des produits malodorants. Un grand progrès fut réalisé lorsqu'on songea à utiliser le tirage forcé, par l'injection sous les grilles, soit d'un courant d'air, soit de vapeur d'eau ; dès lors, la température des fours devint assez haute pour assurer la destruction complète des matières organiques, en même temps que l'on obtenait une quantité de vapeur suffisante pour le fonctionnement des diverses services de l'usine et laisser encore disponible de l'énergie.

Au point de vue de l'hygiène, d'après le professeur Hanriot, une usine d'incinération doit satisfaire aux conditions suivantes : on doit faire choix, pour l'usine, d'un emplacement dont l'accès soit facile et, autant que possible, abordable par plusieurs côtés, de façon à éviter les encombrements des tombereaux. Le terrain de l'installation, clos de murs, doit être assez vaste pour recevoir tous les véhicules au fur et à mesure de leur arrivée et pour qu'ils n'aient pas à stationner dans la rue ou aux alentours. Les murs auront une hauteur de 3 à 5 mètres dans la partie contiguë aux terrains qui se trouveraient bâtis. La construction sera en matériaux incombustibles et imperméables, la charpente en fer, le sol des ateliers imperméables ; les cours et les voies d'accès seront pavés sur béton, et le pavage sera entretenu en bon état ; il aura une pente suffisante pour pouvoir être lavé à grande eau. Les véhicules collecteurs, les fosses, les trémies ou les récipients divers dans lesquels les ordures sont reçues à l'usine devant être fréquemment lavées, il est nécessaire, par suite, de disposer d'une assez grande quantité d'eau. Des agencements appropriés pour l'évacuation de ces eaux sales et leur épuration éventuelle devront être prévus si l'on ne dispose pas d'un égout pouvant les recevoir telles qu'elles. Les divers ateliers seront ventilés et l'air vicié sera ramené sous les foyers ou purifié par tout autre procédé équivalent. Les murs de la cour et des ateliers seront blanchis à la chaux une fois par an. Pour qu'il n'y ait à redouter aucun inconvénient sérieux du dépôt possible des gadoues, il faut que celles-ci, apportées chaque jour, soient toujours brûlées dans les vingt-quatre heures.

Pour que les gaz et les vapeurs produits dans les fours ne s'échappent pas de la cheminée sans avoir été complètement brûlés ou entraînant des poussières, il ne suffit pas que le tirage forcé amène sous les grilles l'air en quantité voulue, il faut aussi que le mélange de l'air et des gaz soit maintenu, durant un temps assez long, à une température où la combustion puisse s'effectuer. Des injecteurs de vapeur ou des ventilateurs règleront facilement la quantité de vapeur d'air insufflé, et un tirage convenable sera toujours aisément établi. Quant au mélange intime et prolongé de l'air et des gaz à haute température, on le réalisera par les dispositions qui sont adoptées dans les usines modernes pour les chambres de combustion et les carneaux. On devra tenir compte de ce détail que, sous l'influence du tirage forcé, il se produit, surtout quand les ordures sont chargées en cendres, un abondant entraînement de poussières qu'il y a lieu, par conséquent, d'arrêter dans leur chemin vers l'extérieur parce que leur issue par la cheminée, serait la cause, pour le voisinage de l'usine, d'une grande incommodité. Les carneaux et les tubes de chauffe des chaudières devront dès lors constituer autant de points d'arrêts des matières solides entraînées par les gaz de la combustion, également la chambre de combustion laquelle devra agir plus particulièrement comme collecteur de poussières. Enfin, il pourra être placé un dispositif en avant de la cheminée de façon à arrêter les dernières particules de poussière.

En ce qui concerne le chargement et le déchargement des fours, des dispositions hygiéniques s'imposent également. Le chargement à la pelle par l'avant du foyer, dont la porte unique sert à la fois pour le chargement et pour l'escarbillage, n'est pas à recommander parce que les ordures étant emmagasinées au voisinage immédiat de la gueule des fours, sont trop directement exposées à la chaleur radiante, s'échauffent et deviennent nauséabondes. Il peut aussi arriver que le dépôt des ordures étant trop près de la porte de chargement, il peut y avoir incendie par suite de la chute possible des scories en ignition sur les ordures ménagères au moment de l'escarbillage. Enfin, étant forcément répétées, ces opérations de chargement se faisant par l'avant, en sont plus simples, et présentent moins d'inconvénients pour les hommes. Avec les incinérateurs se chargeant par le haut, on opère parfois le déversement des ordures directement du tombereau dans le four ; si ce procédé a l'avantage d'éviter la stagnation des ordures dans l'usine, il ne peut s'appliquer intégralement que si la collecte dure aussi longtemps que l'incinération, ce qui fait que la marche des fours est sous la dépendance complète de l'arrivée des tomberaux. Dès lors, si ceux-ci sont en retard, le four se refroidit, ou s'il y a presse, le four se trouve vite encombré et les ordures doivent être enlevées alors qu'elles sont insuffisamment incinérées. S'il est fait à la pelle, le chargement par le haut présente le grave inconvénient de laisser les ordures en dépôt dans un endroit où règne constamment une température assez élevée, d'où dégagements malodorants pouvant rendre irrespirable l'air de cette partie de l'usine. En outre, les hommes, pour repousser les ordures, doivent souvent monter sur les dépôts et se trouvent par là en contact trop direct avec les ordures en fermentation.

En vue d'exclure toute manipulation des ordures, on a imaginé des dispositifs de chargement mécanique, mais pour qu'ils puissent remplir ce but, il faut qu'ils fonctionnent avec une régularité parfaite, que l'ouverture et la fermeture des bennes et des orifices de chargement se fassent bien exactement avec l'automatisme prévu, que l'obturation des fours, dans l'intervalle des chargements, soit bien effective, parce qu'alors il peut se produire, par les orifices mal clos du four, des dégagements de gaz provenant de combustions incomplètes qui auraient vite fait de vicier l'air du hall de l'usine ; cette viciation pourrait être encore aggravée par les odeurs que dégageraient les ordures si celles-ci étaient entreposées dans le hall même, constamment chaud. Il est vrai, qu'il est possible de lutter contre ces deux causes d'insalubrité par une ventilation bien établie.

La répartition par les chauffeurs des charges d'ordures ménagères d'une manière uniforme sur les grilles et le réglage de la marche de la combustion sont d'autant plus difficiles que la surface des grilles est plus grande. L'escarbillage marque un temps très pénible du travail. Les scories forment une pâte semi-fluide occupant toute l'étendue de la grille, sur une épaisseur de 0m, 10 et plus ; il faut briser au ringard cette masse incandescente, tirer hors du four et transporter hors de l'usine les morceaux ainsi détachés. Cette opération durant une dizaine de minutes, il serait bon que des écrans métalliques fussent disposés de façon à protéger le visage et le thorax des chauffeurs contre la réverbération des foyers. Les wagonnets-porteurs devraient en être également munis, afin d'éviter l'incommodité trop réelle due à la chaleur rayonnante des clinkers. Dans certains types d'incinérateurs, la grille est remplacée par une cuvette en fonte perforée, disposée de telle sorte que le bloc peut glisser d'une seule pièce assez aisément ; c'est là un réel perfectionnement.

Les poussières, déposées sur le chemin que parcourent les gaz allant à la cheminée contiennent des parties extrêmement fines ; dès lors, leur enlèvement auquel il faut procéder de temps à autre, est assez pénible pour l'homme qui doit les manutentionner à la pelle. Aussi a-t-on, dans certaines installations, disposé en élévation la chambre de combustion et fermé la partie inférieure de celle-ci par une trappe mobile au-dessous de laquelle peut venir se placer un wagonnet, ce qui fait que l'enlèvement des poussières s'opère à la fois plus vite et avec moins d'incommodité. Avec les incinérateurs qui ont une sole de séchage, il arrive qu'au moment de l'escarbillage, des ordures provenant de cette sole et non incinérées sont amenées avec les scories incandescentes ; continuant à brûler hors du four, elles répandent dans le hall et dans la cour extérieure de l'usine des émanations infectes. Ce même inconvénient se présente avec certaines cellules à grilles multiples dans lesquelles la séparation entre les foyers juxtaposés est insuffisante ; en réalité, il n'y a qu'une seule grille avec trois portes et, par suite, quand on escarbille par la porte centrale, il est difficile d'empêcher que des ordures encore intactes glissent des grilles latérales et soient ainsi entraînées avec les scories. On a aussi essayé de recueillir les retours de fumée et de vapeurs nauséabondes qui se produisent au moment de l'ouverture des portes ou des orifices de chargement des fours, au moyen de hottes de tirage placées au-dessus de ces portes, mais la pratique montre que ces fumées et vapeurs, dépassent cette zone d'aspiration parce qu'elles se dégagent trop vivement et par bouffées.

Comme le dit le Dr Pottevin, auteur d'un remarquable ouvrage sur les ordures ménagères, le mieux qu'il y ait à faire pour supprimer les odeurs inhérentes à ces sortes d'usines où s'entreposent et se manipulent des matières organiques putrescibles, c'est d'installer une ventilation telle qu'elle recueille les gaz odorants et les dirige avec le courant d'air chargé d'activer les combustions, vers les grilles des foyers où ils seront brûlés. Pour cet hygiéniste, il est, dans tous les cas, possible d'installer et d'exploiter ces usines quel que soit le type de fours qu'elles comportent, de façon à ce qu'elles ne présentent aucune cause de gêne ou d'insalubrité pour le voisinage et pour le personnel ouvrier. Et à l'appui, il cite des usines d'incinération établies au centre de quartiers populeux et ne donnant lieu à aucune protestation : à Londres, dans un des plus élégants quartiers, près de l'Hôtel Cecil, se trouve une usine d'incinération ; également à Darwin ; à Monaco, l'usine de traitement des ordures ménagères est installée à proximité du palais du Prince et, quelques temps après, on a édifié, presque tout à côté, le nouvel Hôtel-Dieu.

En France, les usines d'incinération d'ordures ménagères sont classées, d'après le décret du 31 août 1903, dans la catégorie des établissements insalubres, dangereux ou incommodes ; 1re *classe* : quels que soient l'état des ordures ménagères et la quantité traitée journellement ; 2e *classe* : à l'état vert, s'il est traité au plus 150 tonnes par jour et si le traitement est opéré sans triage et exécuté dans les 24 heures de leur apport. Bien entendu, le décret ne parle, intentionnellement d'ailleurs, que des ordures ménagères et non des boues et immondices provenant du balayage de la voie publique, des débris des marchés et des abattoirs, ni des matières fécales.

Il s'ensuit que ces matières doivent être traitées à part.

L'incinération établie, on s'est enquis des utilisations possibles des scories ou clinkers qui représentent de 30 à 50 % des poids des gadoues incinérées. On a proposé de les pulvériser et avec les poudres ainsi obtenues, de fabriquer des mortiers et des ciments, et à cet effet, on a essayé d'installer des dispositifs permettant d'amener les scories au sortir du four sous un puissant jet d'eau froide ; mais, généralement, elles sont utilisées pour faire des remblais et des empierrements de routes. Quant aux gadoues, on a imaginé d'en tirer parti, une fois desséchées, en les mélangeant à des matières combustibles en vue d'en composer des briquettes ou des boulets selon les proportions suivantes : gadoues sèches 12 %, coke ou anthracite 85 % et brai 3 %. Une usine d'agglomérés existe en pleine ville de Berlin et un projet semblable a été examiné en 1908 pour Paris par le *Conseil d'hygiène et de salubrité du département de la Seine*, on a enfin pensé pouvoir augmenter les recettes de l'incinération en récupérant l'azote ammoniacal qui se trouve entraîné avec les gaz. Sur ce point, une étude très approfondie a été faite par M. Damour, ingénieur. Mais le revenu le plus important de l'incinération est, à l'heure actuelle, la vente de l'énergie restant disponible, sur celle que produit l'utilisation de la vapeur après prélèvement de la quantité nécessaire au fonctionnement des divers services de l'usine. D'après M. Mazerolle, on peut admettre que 1 kilogramme de gadoue produit 1 kilogramme de vapeur. En faisant usage de bonnes machines de condensation et de dynamos de construction moderne, il n'y a rien d'exagéré à prévoir que 1 tonne de gadoue produisant 1 000 kilogrammes de valeur donnera aux bornes des dynamos de 100 chevaux-heure (10 kilogrammes de vapeur par cheval-heure), soit 73 kilowatts-heure. En admettant que le service de l'usine (éclairage, élévateurs, appareils de manutention) absorbe 10 % de la puissance produite, il reste 73 × 0,83, soit 60 kilowatts-heure de disponible. Si l'on peut trouver à vendre cette énergie au tarif déjà très bas de 5 centimes le kilowatt-heure, on se procurera une recette de 60 × 0,05, soit 3 francs par tonne qui paraît devoir suffire largement à couvrir les frais de l'incinération. Cette production de 1 kilogramme de vapeur (à 10 kilogrammes de pression) par kilogramme d'ordures brûlées figure, en général, parmi les garanties fournies par les constructeurs, toutefois, il faut reconnaître que ce chiffre ne représente pas toujours le rendement moyen annuel des fours en marche normale, aussi le fixe-t-on plutôt à $0^{kg},700$ de vapeur. Il est évident que la quantité d'énergie récupérée sous forme de vapeur est sous la dépendance à la fois de la puissance thermique du combustible et du four dans lequel il est brûlé.

Si les ordures introduites dans les fours chauds brûlent seules, il n'en est pas ainsi lors de l'allumage, lequel comporte toujours la dépense d'une certaine quantité de charbon ; cette dépense, minime dans les usines à marche continue, est importante à l'égard des petites installations qui n'incinèrent que quelques heures par jour. Ainsi l'on cite une petite usine anglaise qui, pour brûler 4 tonnes et demie d'ordures ménagères en 24 heures, dépense 1 kilogramme de charbon pour une moyenne de 15 kilogrammes d'ordures. Il est fort difficile de se faire une idée exacte de ce que peut être le bilan financier de l'incinération, du moins en ce qui concerne nos villes, semblables usines n'étant pas suffisamment nombreuses dans notre pays pour servir de base ou de comparaison. Les frais d'exploitation, ou plutôt les salaires du personnel ouvrier, peuvent, eux, être évalués avec une suffisante appréciation ; mais ceux qui ont trait à l'évacuation des scories ne peuvent être établis que sur des hypothèses. Dans le cas spécial de la ville de Paris, M. Lauriol, ingénieur, dans son rapport au Préfet de la Seine (1910), arrive à l'évaluation d'une dépense de 2 francs par tonne d'ordures ménagères incinérées. Au Hâvre, dont l'usine est toute récente, les prévisions sont à peu près du même ordre ; elles comportent pour le salaire du personnel ouvrier et les frais d'entretien du four une dépense de $2^{fr},10$ par tonne d'ordures incinérées.

Les incinérateurs d'ordures ménagères sont généralement classés en fours dans lesquels chaque foyer est isolé dans une cellule maçonnée et en fours dans lesquels chaque cellule contient plusieurs grilles de combustion bien que chacune de celles-ci fonctionne comme four indépendant ayant ses orifices propres de chargement et d'escarbillage. Nous allons examiner les caractéristiques de quelques types de ces deux groupes, en renvoyant, pour plus amples détails, aux notices mêmes des constructeurs.

a) *Destructeurs* « *Sterling* » —. Ils peuvent être à chargement par grue roulante ou par chemin d'approche incliné. Dans le premier cas, les ordures sont amenées au destructeur dans des tombereaux, au niveau normal du sol ; ces tombereaux déchargent leur contenu dans de grandes bennes en tôle à mécanisme culbuteur, lesquelles sont ensuite enlevées au moyen d'une grue roulante, soit électrique, soit à vapeur qui, après les avoir élevées à la hauteur voulue, les conduit à l'endroit désiré, au-dessus de la caisse générale d'approvisionnement surmontant les cellules ou foyers d'incinération. La *fig.* 2, donne une coupe d'une semblable usine. Les scories sont tirées du foyer dans une benne suspendue à un monorail le long duquel on les transporte dans un local désigné à cet effet. Dans le second cas, le tombereau amenant les ordures au destructeur, va déverser son contenu directement dans la caisse générale d'approvisionnement, au-dessus des cellules sans l'intervention d'un dispositif mécanique quelconque. Mais, pour que ce procédé soit possible,

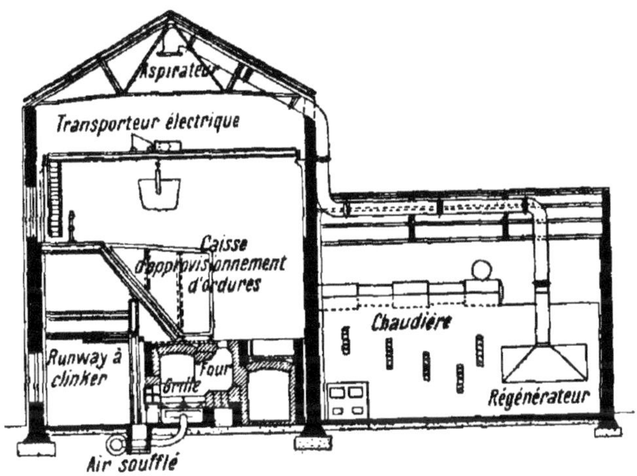

Fig. 2.

il faut que le terrain sur lequel on se propose d'établir le destructeur soit à un niveau permettant d'y arriver au moyen d'une pente douce (2 ou 3 °/₀), afin d'éviter l'emploi de chevaux supplémentaires pour gravir le chemin d'approche jusqu'à la plate-forme de déchargement du destructeur.

Pour porter, dans la chambre de combustion,

la temperature à son point extrême, ce qui a son importance au triple point de vue de la bonne marche de l'installation, de l'hygiène, et de la production de la vapeur, il est installé, chaque fois que cela est possible, un régénérateur qui fournira de l'air chaud pour les besoins du tirage forcé. Les gaz, après avoir quitté la chaudière et lui avoir abandonné une grande partie de leur calorique, se trouvent encore, du moins la plupart du temps, à une température assez élevée pour qu'on puisse en tirer parti, sans gêner le tirage et c'est cet excès de température qui, différemment, s'en irait par la cheminée en pure perte, que l'on utilise en faisant passer ces gaz par le générateur composé d'un faisceau de tubes placé dans une chambre en tôle close et dont l'air se réchauffe par suite autour des tubes. Un ventilateur amène cet air ainsi chauffé par un conduit vers les cendriers ; il s'ensuit que cet air chauffé emprunte bien moins de chaleur aux foyers pour atteindre la température de 1 100° C. ou plus, selon les cas, que les énormes volumes d'air froid employé quand le tirage se fait à la température normale de l'air environnant. Par ce dispositif, l'on obtient une plus haute température dans les foyers et, par conséquent, un plus grand rendement de vapeur et, en fin de compte, une combustion plus complète.

La grille des foyers est formée de barreaux

construits de façon à produire des jets d'air attaquant la partie inférieure de la couche de combustible : cette quantité d'air, réglée, se répartit dans les proportions voulues sur toute la surface de la grille. Des tubes en fonte sont aussi placés autour du foyer ; l'air circulant dans ces tubes, les maintient à une température relativement basse et s'échappe par les trous perforés dans la partie faisant face au combustible formant ainsi un dispositif complémentaire pour fournir l'air nécessaire à la combustion des ordures qui viennent s'appuyer contre les parois du foyer. De cette façon, les scories ne peuvent pas se coller aux briques réfractaires et ainsi le détruire. Dans le système *Sterling*, il reste aussi un dispositif pour le refroidissement de la partie avant du fourneau ; les montants des portes du foyer consistent, en effet, en tubes de fonte dans lesquels circule de l'air pour empêcher qu'ils soient portés à une température anormalement élevée. Ils sont également perforés de manière que l'air, qui y est introduit, puisse s'échapper et se mélanger aux gaz dégagés planant au-dessus du feu ; la combustion s'en trouve améliorée.

Travaillant dans des conditions normales, un seul homme suffit pour le chargement de quatre cellules brûlant de 2,5 à 3 tonnes par heure. Les ordures après leur passage par la trémie de chargement vont tomber sur une aire ou sole de séchage faisant suite à la grille, dans le sens de la profondeur du foyer. L'utilité de cette sole, d'après les constructeurs, se comprend lorsqu'on considère que sur la grille se trouve une charge complète d'ordures subissant les effets de la combustion, dont la chaleur rayonnante sèche une grande partie des ordures déposées sur la sole ; il arrive donc que, quand l'incinération de cette charge d'ordures est complète, l'on retire du foyer les scories, ce qui fait que le four est prêt à recevoir un nouveau chargement, lequel consiste précisément en la partie d'ordures se trouvant sur la dite sole d'où elles sont tirées et éparpillées sur la grille dans un état relativement sec et, par suite, plus aptes à une combustion active.

Enfin, relativement aux poussières, des dispositifs sont établis dans la chambre de combustion, dans la chambre placée sous le régénérateur et dans les carneaux principaux. Ainsi agencés ces destructeurs ne donnent pas lieu à des plaintes de la part des voisins et l'on cite, à cet égard, une usine, celle de Barry qui se trouve placée entre la maison commune et une garderie d'enfants.

b) *Destructeurs* « *Herbertz* ». — Chaque four d'incinération de ce système se compose de plusieurs cellules en nombre variable selon la capacité destructive que l'on désire obtenir. Chaque cellule comprend un foyer *Herbertz* formé essentiellement d'un caisson en fonte perforée avec joues latérales formant boîtes à vent et destinées à réchauffer l'air insufflé jusqu'à une température de 200 à 250°, tout en refroidissant les parois latérales de la couche de scories et en empêchant ainsi toute cohésion entre les plaques de fonte et les scories ; l'escarbillage non seulement en est facilité, mais il est possible de le réaliser mécaniquement. Cette température de 200 à 250° obtenue par le passage de l'air dans les parois latérales des grilles est indispensable pour la combustion des gadoues d'été qui contiennent, on le sait, un pourcentage de légumes verts beaucoup plus considérable que les gadoues d'hiver. La grille tient donc lieu de réchauffeur d'air.

L'introduction de la gadoue dans chaque cellule se fait comme suit : chaque trémie de chargement d'une capacité de 1 mètre cube communique avec la cellule correspondante par l'intermédiaire d'un clapet équilibré dont le chauffeur commande l'ouverture à l'aide d'un levier. A ce moment, les matières contenues dans les trémies descendent dans la cellule qui se trouve ainsi chargée. Le travail pendant l'incinération consiste simplement à ringarder la masse de temps en temps ; à cet effet, la porte du four est munie de portes plus petites, afin de réduire au minimum les rentrées d'air. Lorsque le résidu, rassemblé de lui-même en un bloc incandescent et vitrifié, atteint une épaisseur de $0^{m},60$ environ, on procède au décrassage de la grille qui se fait mécaniquement de la façon suivante : avant le chargement de chaque cellule, une benne métallique a été placée sur la plaque de sole et c'est sur cette benne que doit venir se poser le bloc de mâchefers. Quand arrive le moment de procéder au décrassage d'une cellule, on amène devant celle-ci un wagonnet plate-forme muni d'un treuil, on assujettit l'extrémité de la barre à celle d'un câble enroulée sur le treuil et, en agissant sur la manivelle de ce dernier, on retire de la cellule, d'un seul bloc, le mâchefer qui s'y est formé. On peut également réaliser le décrassage d'une façon absolument mécanique au moyen d'une défourneuse électrique se déplaçant à l'avant des fours.

A la sortie de chaque cellule, les gaz passent dans une chambre de combustion commune à toutes les cellules et qui a pour but de régulariser la quantité de chaleur apportée à la chaudière ; cette chambre de combustion joue, pour ainsi dire, le rôle de volant de chaleur, elle est disposée symétriquement par rapport à toutes les cellules ainsi que la chaudière elle-même qui peut être quelconque, du type multitubulaire. La température élevée de la chambre de combustion assure la destruction complète des matières organiques et des germes pathogènes ;

par suite, la cheminée ne déverse dans l'atmosphère que des gaz et fumées inodores. De larges chambres sont ménagées sous la chaudière pour recueillir les cendres entraînées par les courants gazeux ; ces cendres sont facilement évacuées sur des wagonnets à l'aide de portes disposées au bas de ces chambres.

L'opération de chargement d'un four et qui consiste, comme il est dit, à remplir les trémies, peut se faire mécaniquement, soit comme à Kiel au moyen des caisses métalliques complètement fermées ayant servi à faire la collecte et mues par un pont roulant, soit comme à Francfort par des bennes preneuses ou toiles transporteuses servant à amener jusqu'au four les ordures préalablement déposées dans une fosse réceptrice par les voitures de la collecte. L'usine construite en 1909 à Elbeuf, pour l'incinération journalière de près de six tonnes d'ordures ménagères, reproduit, dans leurs dispositions essentielles, les usines de Kiel et de Hambourg ; elle comprend seulement deux fours et a coûté 50 000 francs.

c) *Destructeurs « Manlove et Alliot »*. — Dans ce système la combustion est également alimentée par de l'air à l'aide du tirage forcé; cet air est, au préalable, chauffé par un régénérateur formé de tubes en fonte placés dans le carneau principal, entre la chaudière et la cheminée. Les produits de la combustion passent à l'intérieur des tubes, tandis que l'air arrivant les entoure ; l'air froid est, par suite, chauffé à l'aide des chaleurs perdues, en partie enlevées aux gaz qui se rendent à la cheminée, et il arrive, par conséquent, déjà chaud au foyer, après avoir, au passage, séché les ordures qui arrivent sur la grille. Ces mêmes produits de la combustion se rendent à la chaudière qu'ils suffisent à chauffer ; ils se dépouillent là d'une partie de leur chaleur et vont ensuite au régénérateur, enfin, par le carneau principal, à la cheminée. Entre les murs enveloppant celle-ci dans la partie avant, se trouve une grande chambre dans laquelle les gaz se mélangent de façon à assurer une combustion très complète ; la vitesse des gaz y étant très réduite, les poussières entraînées se déposent facilement.

A l'arrivée, les voitures sont déchargées dans un wagonnet rectangulaire, roulant sur rails, qui est ensuite conduit au-dessus des fours. Ce wagonnet est divisé, par des cloisons parallèles aux petits côtés, en six cases dont chacune peut contenir la quantité d'ordures qui représente la charge d'un four. Par un double jeu de mécanique, l'ouvrier chargeur amène le wagonnet dans une position telle que le fond d'une case se trouve placé juste au-dessus de l'orifice d'un four (les armatures de ces deux organes s'adaptent exactement l'une à l'autre), puis il ouvre simultanément le four et la case, et les gadoues tombent dans le foyer. La manœuvre inverse permet de refermer le four et de reculer le wagonnet jusqu'à ce qu'une deuxième charge soit nécessaire.

d) *Destructeurs « Horsfall »*. — Ils se composent de cellules à grille unique disposées en une seule rangée ou deux rangées parallèles accolées deux à deux. Chaque cellule débouche sur un grand carneau principal placé à l'arrière du massif qui tient lieu de chambre de combustion. Au pied de la cheminée se trouve presque toujours un collecteur de poussières constitué par un conduit circulaire dans lequel les gaz doivent prendre un mouvement giratoire afin que les poussières soient entraînées vers la périphérie.

Au début, le chargement des ordures ménagères se faisait à la pelle par le haut ; chaque cellule portait, à la partie supérieure, un orifice circulaire débouchant sur le sol de la plate-forme et qui était obturé, en temps ordinaire, par une plaque métallique. Pour effectuer le chargement, l'ouvrier repoussait latéralement la plaque de fermeture et faisait tomber, au moyen d'une fourche ou d'une pelle, les ordures dans le four. Ce dispositif qui était antihygiénique pour le personnel est remplacé par le système du chargement mécanique avec utilisation de caisses ayant la forme d'un tronc de pyramide quadrangulaire. Mais quel que soit le modèle des caisses, le mécanisme de la vidange automatique est le suivant : la porte qui ferme, à joint hydraulique, l'orifice percé dans la voûte du four est constituée par un bâti en fonte, garni intérieurement de briques réfractaires ; elle est mue par un jeu de leviers articulés en relations avec un ajutage métallique formant cuvette sans fond, dont le cadre inférieur correspond exactement au pourtour de la face inférieure des caisses de chargement. Lorsque la caisse apportée par le transporteur électrique approche de l'orifice du four, elle vient se poser sur l'ajutage ; sous l'influence de son poids, elle soulève de bas en haut et déplace latéralement la porte du four, découvrant ainsi l'orifice dans lequel vient s'encastrer le cadre inférieur de l'ajutage. En continuant à lâcher le câble du transporteur, les tiges de suspensions cèdent sous le poids de la charge, les portes s'ouvrent et la charge complète d'ordures tombe directement sur la grille de la cellule. Le mouvement ascensionnel inverse de la caisse assure la remise en place automatique de la porte de fermeture. La capacité de chaque caisse comprend la charge d'une cellule pour une opération.

La durée de l'incinération de la charge d'une cellule est d'environ 1^{h},45 à 2 heures, ce qui correspond à une incinération totale de 20 à 24 tonnes d'ordures par cellule en 24 heures. Quand la charge est complètement consumée et convertie en escarbilles solides, le chauffeur ouvre la porte d'escarbillage, et seulement à ce moment, décrasse sa cellule en faisant tomber ce qu'il en retire dans un wagonnet-benne qu'un homme conduit ensuite en dehors du hall pour décharger les escarbilles notamment dans des broyeurs, comme à Newcastle-on-Tyne, Zurich, etc., en les arrosant d'eau préalablement s'il est nécessaire de les refroidir. Après avoir refermé la porte d'escarbillage, le chauffeur fait signe au conducteur du transporteur pour qu'il lui amène une nouvelle caisse pleine d'ordures et effectue le chargement de la cellule comme il est dit plus haut. La porte d'escarbillage est construite de manière à découvrir toute la largeur de la grille afin que l'enlèvement des escarbilles puisse s'opérer d'un seul coup et le plus rapidement possible ; elle est en fonte doublée de briques réfractaires, s'ouvre en remontant de bas en haut, et est suspendue au moyen de poulies à des contrepoids, de façon qu'on puisse l'ouvrir et la fermer facilement.

L'air injecté sous les grilles est, au préalable, chauffé en traversant des boîtes latérales en fonte à parois inclinées, placées sur les côtés intérieurs des cellules et en contact avec les mâchefers incandescents. Ces boîtes renferment, en outre, une certaine quantité d'eau qui est entraînée par le courant d'air et qui vient ainsi renforcer l'effet utile du tirage forcé, lequel est obtenu à l'aide de ventilateurs électriques séparés pour chaque cellule. Chaque ventilateur est commandé automatiquement par la porte d'escarbillage de la cellule correspondante, de telle sorte que l'ouverture de cette porte arrête le ventilateur, et, par suite, l'action du tirage forcé dans la cellule.

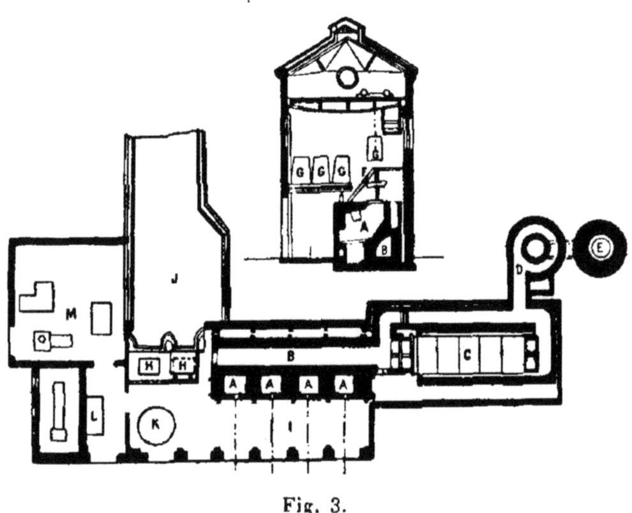

Fig. 3.

La *fig*. 3 représente l'usine de Newcastle-on-Tyne (coupe et plan).

e) *Destructeurs « Heenan et Froude »*. — Ce système est en exploitation ou en construction au Hâvre, à Rouen, Saint-Ouen, Trouville et Nancy. L'usine du Hâvre a été prévue pour l'incinération journalière de 100 tonnes d'ordures ménagères ; chacun des trois groupes de fours (à trois cellules) doit brûler, en 24 heures, 50 tonnes.

Les grilles présentent une surface utile de $2^{m3},33$ environ, soit 7 mètres cubes par four, et 21 mètres cubes pour toute l'usine; sur tout le pourtour d'une grille se trouve une sole de foyer en fonte pour empêcher les scories d'adhérer au revêtement réfractaire de la grille. Les trois cellules composant le massif d'un four sont établies dans l'alignement de la chambre de combustion, qui se trouve à l'extrémité du massif et leur voûte non interrompue est ondulée dans le sens longitudinal, ceci afin d'augmenter la surface réverbérante et de créer un mouvement ondulatoire automatique qui force les fluides gazéiformes à se mélanger plus intimement en passant d'une cellule à l'autre. La façade du four est une paroi creuse en fonte, à compartiment, dans laquelle l'air chaud circule autour de l'ouverture de chaque cellule; dans cette paroi se trouvent placées des vannes servant à régler l'arrivée de l'air forcé au-dessus et au-dessous de la grille, selon les besoins de la combustion des matières à incinérer.

La plate-forme de déchargement à l'extrémité de la rampe d'accès est close sur l'extérieur; elle peut être également close du côté des trémies et du côté de la rampe par des portes qui doivent être fermées aussitôt que le dernier tombereau ou chariot a opéré son déversement. Au-dessous d'elle, l'espace libre compris entre son plancher et le sol du chantier est aménagé pour recevoir des ventilateurs, les chauffeurs d'eau, les pompes, les carneaux, les moteurs et autres appareils à produire le courant pour l'éclairage électrique, l'atelier de réparations, enfin les annexes. Les trémies, au nombre de trois, d'une contenance de 30 tonnes, correspondent chacune à un massif de cellules ; elles sont placées entre la plate-forme de déchargement et le couloir de défournement. Séparés de la plate-forme par des portes à contrepoids et du couloir d'enfournement par des volets également métalliques et à contrepoids, elles représentent de véritables cavités closes, ne communiquant avec le hall des fours que par une série d'ouvertures ménagées à leur partie supérieure et assurant leur ventilation ; elles sont bordées, sur toute leur largeur, d'un heurtoir contre lequel viennent s'appuyer les roues du tombereau qui, par un mouvement basculant, déverse ainsi son chargement d'ordures dans la trémie.

Les scories sont transportées depuis l'orifice d'escarbillage des fours jusque sous le hangar où elles doivent se refroidir avant leur mise en dépôt, au moyen de bennes métalliques supportées par un runway. La cheminée a une hauteur de 50 mètres au-dessus du sol et un diamètre intérieur de 2 mètres au sommet. L'air fourni par le ventilateur, à une certaine pression, est forcé sous chaque grille par des conduits de forme et de dimensions exactement calculées ; en outre, le ventilateur renouvelle l'air des trémies et du hall abritant l'installation, pour ce faire, le lanterneau, établi à la faitière de la toiture, est entièrement clos et, de cette façon, se trouve transformé en un récepteur d'air. Quand le ventilateur fonctionne, un vide partiel se produit dans le récepteur et l'air circulant dans le hall remplit le vide créé ; ainsi l'air à l'intérieur de l'usine se renouvelle plusieurs fois par jour et un flux d'air frais y purifie l'atmosphère.

La ville du Hâvre a traité pour la construction de l'usine établie de manière à pouvoir incinérer 100 tonnes par jour sur le prix de 532 165 francs (terrain, bâtiment, fours, générateurs et éclairage électrique). La Société adjudicataire a garanti notamment : que la température dans la chambre de combustion dépassera toujours 750°, que l'usine ne donnera lieu à aucune nuisance sous forme de poussières, d'odeurs nauséabondes du fait de la combustion ; que l'incinération de 1 kilogramme d'ordures vaporisera en moyenne 1 kilogramme d'eau et plus ; que la quantité maxima de vapeur nécessaire pour alimenter le tirage forcé sera de 500 kilogrammes par heure. Les prévisions d'exploitation pour l'incinération journalière de 80 tonnes d'ordures, font ressortir à $2^{fr},10$ les frais d'incinération d'une tonne n'étant pas compris, toutefois, les dépenses résultant de l'évacuation des scories, de l'entretien des appareils à vapeur et des bâtiments, de la direction technique, etc. ; mais, les fours pouvant avec le même personnel, brûler par jour 100 tonnes, la dépense unitaire serait ramenée à $1^{fr},76$.

L'usine projetée à Rouen reproduit les grandes lignes de l'usine hâvraise, sauf qu'il est prévu un chargement mécanique.

f) Destructeur « Humboldt ». — Ce système dans lequel le foyer est à mélange gazeux, est

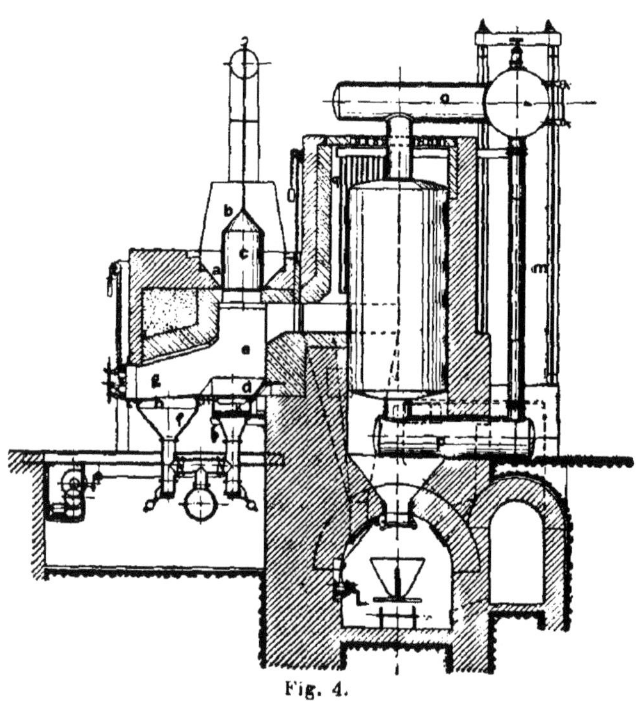

Fig. 4.

utilisé à Barmen et à Furth. La *fig.* 4 en montre le dispositif. Avant la mise en marche du four, la maçonnerie réfractaire de la chambre de chauffe doit être amenée à la température de l'ignition en la chauffant avec d'autre combustible ; le chargement des chambres de chauffe s'effectue alors par l'ouverture de trémie de remplissage *a*, selon des quantités fixées, après que le chapeau de protection contre la poussière *b* a été abaissé. L'entrée de l'air froid est en même temps empêchée par la descente du chapeau protecteur. Quand on lève le cylindre de fermeture *c*, dont la partie inférieure est en argile réfractaire, la matière tombe sur la grille d'incinération *d*. La poussière se dégageant à l'intérieur du chapeau protecteur *b* au moment de la chute ou de l'introduction est aspirée par la soufflerie et est insufflée dans la chambre de combustion. Les ordures s'enflamment aussitôt contre les parois chauffées à blanc de la chambre d'incinération *e* et contre les tourteaux de scories d'ordures incandescents situés, en marche régulière, dans l'avant-chambre ; pendant la première période de l'incinération, il se produit de l'acide carbonique à pourcentage croissant d'oxygène, jusqu'à ce que l'augmentation rapide de la température des ordures ait atteint environ 1 000° C., soit, au bout de 10 à 15 minutes. On diminue ensuite le courant d'air frais forcé et il ne se forme plus, au début de la coagulation et de la formation de scories, que de l'oxyde de carbone pour l'inflammation duquel de l'air secondaire fortement chauffé au préalable doit être amené et mélangé à l'intérieur de la chambre d'incinération. La température de celle-ci s'élève en même temps jusqu'à 1 600° C. Au bout d'un quart d'heure environ, les ordures sont complètement brûlées et réduites en scories.

L'adduction de l'air secondaire a lieu en *f* sous l'antichambre *g* à travers la grille *h*, sur laquelle repose le bloc de scorie encore incandescent provenant du chargement précédent. La grille est de forme concave ; l'air forcé de la soufflerie n'y est introduit qu'à la partie inférieure et latéralement. Dans la maçonnerie supérieure du four, il est aménagé des ouvertures avec fermeture automatique par lesquelles des ringards peuvent être introduits tandis que l'ouverture reste toutefois fermée ou se referme automatiquement après l'introduction des ringards, ce qui fait que les parois du four peuvent être nettoyées en tous temps de cette façon, sans qu'il y entre de l'air froid. La chaudière tubulaire à vapeur verticale est à tubes de fumée et affecte la forme d'une chaudière à grande chambre à eau ; une circulation d'eau ou une production de vapeur active y est aménagée par le conduit de communication *m* qui relie la partie supérieur *o* à la partie inférieure *p*. La vapeur produite est cependant surchauffée en tenant compte de l'emploi de machines à vapeur surchauffée modernes à marche rapide (ou turbines à vapeur) par les deux surchauffeurs de vapeur *q* que les gaz de la combustion parcourent d'abord avant d'arriver à la chaudière. La vapeur produite peut alors être amenée aux machines à vapeur ou à des turbines montées dans un local voisin ; elle peut servir à produire de l'énergie électrique ou à d'autres applications de force motrice, mais en premier lieu à la mise en marche de la soufflerie du four et, comme cela a lieu dans les deux installations que nous citons plus haut, à l'installation de broyage des scories en vue de leur utilisation comme tuiles étant mélangées à de la chaux.

Pour des villes relativement grandes, les fours se composent de deux chambres d'incinération avec chaudières à vapeur respectives. Les deux chambres d'incinération comportent des grilles d'environ chacune $0^{m2},904$ de surface de combustion horizontale. Avec de la gadoue normale des villes allemandes, la quantité de chargement est d'environ 400 à 500 kilogrammes, de sorte qu'en une marche de 24 heures, 40 à 50 tonnes de gadoues peuvent être incinérées.

g) Destructeur « Bréchot ». — Dans ce type d'origine française (*fig.* 5, *coupe longitudinale*), la façade du four présente trois portes : une petite *a* à la partie moyenne permettant de voir et donnant accès dans la chambre de séchage A, ainsi que sur la sole de la cellule B sur laquelle glissent les ordures venant de la chambre A qui achèvent de s'y sécher et se brûlent en partie ; plus bas, une porte c qui est celle du foyer, dont la grille reçoit les ordures desséchées réduites à l'état de combustible. Leur combustion, vivement alimentée par l'air, s'active et s'achève rapidement ; en bas, la porte *d* du cendrier. Les flammes et gaz produits par la combustion ardente qui se fait sur la grille, lèchent la sole,

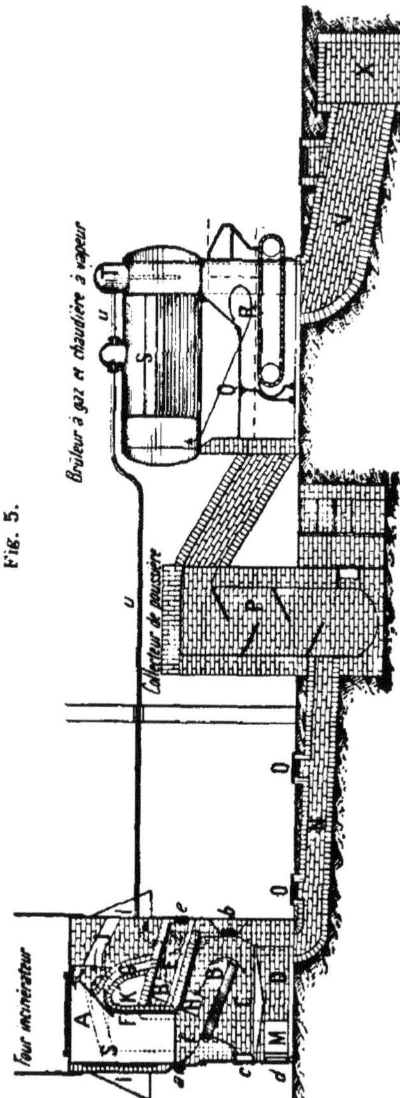

Fig. 5.

puis la contournent pour gagner la cellule ; après

avoir léché, sur toute la longueur de la cellule, les ordures qui s'y trouvent, ils s'engagent dans les ouvertures H, H' des carneaux placés de chaque côté et se rendent dans la chambre à fumée E. Sur la paroi supérieure de cette chambre E s'ouvrent : la cheminée G qui amène les gaz et fumées qui n'ayant pas pris le chemin des carneaux sont venus circuler dans la double enveloppe de la chambre de séchage A ; la cheminée qui conduit les gaz et fumées du destructeur au collecteur des poussières P dans l'intérieur duquel se trouvent des chicanes destinées à arrêter les poussières ; une buse T placée en son centre y envoie la vapeur sous pression nécessaire pour assurer un tirage forcé, vapeur fournie par une chaudière S placée sur le brûleur et maintenue en pression par les gaz chauds s'échappant du foyer.

A l'intérieur du destructeur, à sa partie supérieure, est une vaste chambre K où entrent, pour s'échauffer et se rendre ensuite dans le cendrier, l'air venant des hottes *l* et les vapeurs de la chambre A. Cette chambre est en communication de chaque côté avec deux conduits dont la paroi interne est formée par la paroi latérale de la double enveloppe de la chambre de séchage. Cet air chaud arrive par l'ouverture M dans le cendrier dont la porte *d* est fermée. Un registre permet de diminuer ou d'arrêter l'accès de l'air. Sur la face postérieure du four se trouve une porte *b* donnant accès à la fois dans la cellule et le foyer. Plus haut, un tampon *e* fermant l'ouverture de nettoyage de la chambre à fumée.

Le brûleur de gaz Q est formé à l'intérieur d'un foyer autour duquel viennent circuler les fumées et gaz du destructeur brassés avec la vapeur injectée, qui débouchent sous une cloison horizontale divisant le brûleur en deux parties. Ils pénètrent ensuite dans le foyer par deux ouvertures placées sur les parois latérales et en avant, et s'échappent par la cheminée où se fait une injection de vapeur. Au-dessus du brûleur se trouve une chaudière marchant à une pression minima de 6 kilogrammes dont une partie de la vapeur est utilisée pour les injecteurs, la plus grande partie restant disponible pour des usages divers. Dans une installation d'une certaine importance, on réunit généralement, pour former un groupe, quatre fours dont les cheminées viennent s'ouvrir dans un collecteur en communication avec un brûleur de gaz de dimension proportionnelle, ainsi que la chaudière.

La chambre de séchage, très large dans sa partie supérieure, peut contenir 2 à 3 mètres cubes d'ordures ; celles-ci déposées dans une chambre d'attente y sont amenées, sans tirage préalable, par l'intermédiaire d'un chargeur d'une contenance d'environ un mètre cube et qui se vide automatiquement quand s'ouvre la porte à glissière fermant l'ouverture de chargement du four. Toutes les heures, on fait tomber et on pousse sur la grille les ordures entièrement desséchées, même en partie brûlées qui se trouvent sur la sole. Elles y sont remplacées par celles qui glissent de la partie haute de la chambre de séchage ; si ce glissement ne se produit pas bien, le chauffeur les attire de façon à recouvrir la sole d'une couche d'environ $0^{m},40$. C'est après cette manœuvre que s'effectue le chargement de la chambre de séchage ; ainsi des ordures fraîches prennent toujours la place de celles qui ont glissé sur la sole. Toutes les 3 ou 4 heures, on nettoie la grille et on fait tomber les escarbilles dans un wagonnet placé devant la porte de foyer.

Procédés divers. — D'autres procédés sont proposés en vue de la destruction des ordures ménagères de nos villes, mais aucune application en grand n'en ayant été faite, il est malaisé d'en déterminer la valeur. Citons-en deux :

a) Procédé Rouvillain. — Il consisterait à enrichir les ordures en les débarrassant mécaniquement et à peu de frais des matières encombrantes sans valeur et à rendre imputrescibles, par la dessiccation complète, toutes ces matières fertilisantes réduites ensuite en poudrettes destinées à être vendues comme engrais. Le côté original de ce procédé consisterait surtout en ce que le premier triage se ferait sous l'eau et par lévigation. Les détritus amenés par les tombereaux seraient déversés dans une grande cuve pleine d'eau. Les matières surnageant seraient reprises pour faire l'engrais. Une toile sans fin courant à mi-profondeur recueillerait les matières lourdes, tandis que les parties fines, cendres, etc., iraient se collecter au fond de la fosse.

b) *Procédé Nave.* — Les ordures ménagères seraient évacuées par l'intermédiaire des égouts tels qu'ils sont installés ou tels qu'on se propose de les installer pour l'évacuation des résidus liquides. Cette solution serait facilement réalisable à peu de frais, notamment avec le système séparatif ; peut-être exigerait-elle une légère augmentation de la section des canalisations et des égouts, également peut-être des chasses d'eau plus fréquentes ou plus abondantes. Mais ces charges seraient semble-t-il compensées largement par l'économie réalisée sur la collecte et par l'amélioration obtenue au point de vue de la propreté et de l'assaisissement de la ville. Le fonctionnement de ce mode d'évacuation serait assuré en plaçant dans chaque immeuble ou appartement un récipient à chasse d'eau et dans lequel on jetterait les ordures ménagères à toute heure de la journée, sans leur donner le temps de subir un commencement de putréfaction. Ce récipient pourrait être muni d'un couvercle à fermeture hermétique afin de permettre d'utiliser l'eau sous pression de la distribution de la ville pour diviser et chasser plus énergiquement les matières. En donnant aux orifices de ces récipients et aux branchements des immeubles, des sections appropriées, en obligeant les habitants, ainsi que cela se pratique dans certaines villes d'Amérique et d'Allemagne, à faire, sous leur responsabilité, un triage des objets imputrescibles ou volumineux, tels que tapis, cartons, casseroles, boîtes de conserves, etc., il serait facile de se garantir contre tout risque d'obstruction des canalisations.

L'auteur ne croît pas que l'épuration des eaux d'égouts en soit rendue plus difficile. Avec le système séparatif principalement, toutes les matières organiques en suspension arriveraient aux bassins de décantation sans avoir le temps de subir une fermentation appréciable. Peut-être au point de vue microbien se trouverait-on en présence d'un chiffre de bactéries plus élevé et faudrait-il augmenter légèrement l'importance des appareils d'épuration. L'outillage dont on devrait disposer pour constituer l'usine d'épuration devrait être le plus possible mécanique ; il comprendrait généralement : des grilles mécaniques pour l'enlèvement des matières flottantes, des bassins de décantation suivis de filtres à coke pour la séparation des matières en suspension, des transporteurs divers pour les matières solides recueillies, des fours de séchage et enfin des fours d'incinération dont les chaleurs perdues seraient utilisées pour la dessiccation préalable des matières. En sortant des bassins de décantation, les eaux pourraient être soumises, si on le jugeait utile, au procédé d'épuration définitive jugé le plus convenable.

INDEX BIBLIOGRAPHIQUE

Dr PROUST. — *Traité d'hygiène* (Masson et Cie, éditeurs, Paris).

Dr ARNOULD. — *Éléments d'hygiène* (Baillière et fils, éditeurs, Paris).

Dr MACE et IMBEAUX, ingénieur des Ponts et Chaussées. — *Hygiène des villes* (id.).

Dr YVERT. — *Hygiène des rues* (id.).

Dr POTTEVIN. — *Les Cimetières*; *Les ordures ménagères* (id.).

Dr FONSSAGRIVES. — *Hygiène et assainissement des villes* (id.).

BARDE, architecte. — *Salubrité des habitations et hygiène des villes* (Stapelmohr, éditeur Genève).

WERY. — *Assainissement des villes et égoûts de Paris* (Dunod et Pinat, éditeurs, Paris).

LEFEBVRE. — *Voie puolique* (id.).

PIGNANT. — *Assainissement intérieur et extérieur des villes* (Béranger, éditeur, Paris).

CAUSSIN-YVON et SEYER. — *Voirie urbaine et assainissement* (Cours de l'École spéciale des Travaux publics).

Le Génie civil.

L'Architecture.

Annales du Musée social.

La Technique sanitaire (Association générale des hygiénistes et techniciens municipaux).

Bulletin de la Société de Médecine publique et de Génie sanitaire.

Mémoires du Congrès de la Route.

TABLE DES MATIÈRES

—

SAINT-AMAND (CHER). — IMPRIMERIE BUSSIÈRE

ENCYCLOPÉDIE DES SCIENCES MATHÉMATIQUES PURES ET APPLIQUÉES,

Publiée sous les auspices des Académies des Sciences de Munich, de Vienne, de Leipzig et de Göttingue.

Édition française publiée d'après l'édition allemande
SOUS LA DIRECTION DE **Jules MOLK,**
Professeur à l'Université de Nancy.

L'édition française de l'*Encyclopédie* est publiée en sept tomes formant chacun trois ou quatre volumes de 300 à 500 pages in-8 (25-16) paraissant en fascicules de 10 feuilles environ.

Fascicules parus du Tome I :

Volume I.	Fasc. 1.	**5** fr.	Volume III.	Fasc. 1.	**3** fr.
	Fasc. 2.	**5** fr. **25** c.		Fasc. 2.	**3** fr.
	Fasc. 3.	**6** fr.		Fasc. 3.	**3** fr. **75** c.
	Fasc. 4.	**5** fr.		Fasc. 4.	**3** fr. **75** c.
Volume II.	Fasc. 1.	**8** fr.	Volume IV.	Fasc. 1.	**5** fr.
	Fasc. 2.	**3** fr. **75** c.		Fasc. 2.	**6** fr. **25** c.
	Fasc. 3.	**3** fr. **75** c.		Fasc. 3.	**6** fr. **25** c.
	Fasc. 4.	**4** fr. **20** c.		Fasc. 4.	**7** fr.

Fascicules parus du Tome II :

Volume I. Fasc. 1.....	**4** fr. **50**	Volume III. Fasc. 1..... **7** fr.
Volume II. Fasc. 1.....	**4** fr. **20**	Volume V. Fasc. 1..... **7** fr.

Fascicules parus du Tome III :

Volume I. Fasc. 1......... **7** fr. | Volume III. Fasc. 1..... **7** fr.

Fascicules parus du Tome IV :

Volume II. Fascicule 1.................................... **9** fr. **80**

CALCUL DES PROBABILITÉS

Par Louis BACHELIER
Docteur ès Sciences

VOLUME I. IN-4° (28-23) DE VII-518 PAGES; 1912......... 25 fr.

MÉMOIRES SCIENTIFIQUES

DE

PAUL TANNERY

PUBLIÉS PAR

Le Prof[r] Dr J.-L. HEIBERG et le Prof[r] Dr H.-G. ZEUTHEN

Membres de la Société royale des Sciences de Copenhague.

Volumes in-8 (24-19) se vendant séparément

TOME I : *Sciences exactes dans l'antiquité* (1876-1884). Volume de XIX-466 p. avec 17 fig. et un portrait en héliogravure; 1912. **15 fr.**

LES LOIS EXPÉRIMENTALES

DE L'AVIATION

PAR

Alexandre SÉE

Ancien Élève de l'École Polytechnique

2e tirage. In-8 (25-16) de IV-348 p. avec 149 fig.; 1912 **7 fr. 50 c.**

GRANDEUR ET FIGURE

DE LA TERRE

Par J. B. J. DELAMBRE.

OUVRAGE AUGMENTÉ DE NOTES, DE CARTES ET PUBLIÉ PAR LES SOINS

de G. BIGOURDAN

Membre de l'Institut

IN-8 (25-16) DE VIII-402 P., AVEC 31 FIG. ET CARTES; 1912... **15 fr.**

LA REVUE ÉLECTRIQUE

Bulletin de l'Union des Syndicats de l'Électricité.

PUBLIÉE SOUS LA DIRECTION DE M. **J. BLONDIN**,

Avec la collaboration de MM. ARMAGNAT, BECKER, BOURGUIGNON, COURTOIS, DA COSTA, JACQUIN, JUMAU, GOISOT, J. GUILLAUME, LABROUSTE, LAMOTTE, MAUDUIT, MAURAIN, RAVEAU, G. RICHARD, TURPAIN, etc.

La *Revue électrique* paraît deux fois par mois, par fascicules de 48 pages in-4 (28-22). Elle forme par an 2 volumes de 600 pages environ chacun.

Prix de l'abonnement pour un an :
(A partir du 1er janvier ou du 1er juillet.)

Paris.................................. **25** fr.
Départements.......................... **27** fr. **50** c.
Union postale.......................... **30** fr.
Chaque volume formant un Semestre.................... **11** fr.
La Collection des années 1904 à 1908 (10 volumes)......... **90** fr.

LA TECHNIQUE AÉRONAUTIQUE

Revue internationale
des Sciences appliquées à la Locomotion aérienne

GRAND IN-8 (27-18), PARAISSANT LE 1er ET LE 15 DE CHAQUE MOIS.

Directeur : Lt-Colonel ESPITALLIER

Prix de l'abonnement pour un an
(A partir du 1er Janvier ou du 1er Juillet) :

Paris et Départements.............................. **20** fr.
Étranger.. **25** fr.
Le numéro.. **1** fr.

Les TOMES I à IV se vendent séparément............. **12** fr.

ÉTUDE RAISONNÉE
DE L'AÉROPLANE

ET DESCRIPTION CRITIQUE DES MODÈLES ACTUELS

Par Jules BORDEAUX,

Ancien Élève de l'École Polytechnique.

Avec une *Préface* de LAURENT SÉGUIN.

Volume in-8 (25-16) de VI-497 pages avec 171 fig. et 26 planches. dont 18 en 2 couleurs; 1912 .... **15 fr.**

PRÉCIS D'OPTIQUE

PUBLIÉ D'APRÈS L'OUVRAGE de **Paul DRUDE,**

refondu et complété par **Marcel BOLL,**

Professeur agrégé de l'Université.

AVEC UNE *Préface* DE PAUL LANGEVIN,

Professeur au Collège de France.

DEUX VOLUMES IN-8 (25-16) SE VENDANT SÉPAREMENT.

TOME I : *Optique géométrique. Optique ondulatoire.* Volume de x-375 pages, avec 168 figures; 1911 .... **12 fr.**

TOME II : *Optique électromagnétique. Optique énergétique.* Volume de IV-362 pages, avec 64 figures; 1912 .... **12 fr.**

ŒUVRES DE CHARLES HERMITE

PUBLIÉES SOUS LES AUSPICES DE L'ACADÉMIE DES SCIENCES

Par Émile PICARD,

Membre de l'Institut.

TROIS VOLUMES IN-8 (25-16) SE VENDANT SÉPARÉMENT.

TOME I : Vol. de XI-500 p. avec un portrait d'Hermite; 1905. **18 fr.**
TOME II : Volume de VI-520 pages avec un portrait; 1908. . **18 fr.**
TOME III : Vol. de VI-524 pages avec un portrait; 1912 .... **18 fr.**
TOME IV .... (*en préparation.*)

TABLES ANNUELLES

DE

CONSTANTES & DONNÉES NUMÉRIQUES

DE CHIMIE, DE PHYSIQUE & DE TECHNOLOGIE

PUBLIÉES SOUS LE PATRONAGE DE L'ASSOCIATION INTERNATIONALE DES ACADÉMIES, PAR LE COMITÉ INTERNATIONAL NOMMÉ PAR LE VIIe CONGRÈS DE CHIMIE APPLIQUÉE (LONDRES, 2 JUIN 1909).

Secrétaire général : CH. MARIE

Docteur ès Sciences
Chef de Travaux à la Faculté des Sciences de l'Université de Paris.

VOLUME I (Année 1910)

IN-4° (28-23) DE XV-727 PAGES; 1912

Prix net : *broché*, **27** fr. ; *relié*, **30** fr.

Port à payer en plus

Ouvrage honoré des subventions de Gouvernements, Académies, Sociétés scientifiques et industrielles et des souscriptions des services publics dépendant des ministères de l'Instruction publique, de la Guerre et de la Marine, du Commerce et de l'Industrie, etc., etc.

COURS DE MÉCANIQUE

DE LA CLASSE DE MATHÉMATIQUES SPÉCIALES

Conforme au programme du 27 juillet 1904,

à l'usage des candidats aux Écoles Normale, Polytechnique, Centrale, Navale,

PAR

P. APPELL,

Membre de l'Institut, Professeur à l'École Centrale,
Doyen de la Faculté des Sciences de Paris,

TROISIÈME ÉDITION, ENTIÈREMENT REFONDUE.

Un volume in-8 (23-14) de IV-527 p., avec 191 fig.; 1912.. **12** fr.

ENCYCLOPÉDIE DES TRAVAUX PUBLICS

ET ENCYCLOPÉDIE INDUSTRIELLE.

TRAITÉ DES MACHINES A VAPEUR

CONFORME AU PROGRAMME DU COURS DE L'ÉCOLE CENTRALE (E. I.)

Par **ALHEILIG** et **C. ROCHE**, Ingénieurs de la Marine.

TOME I (412 fig.); 1895..... **20 fr** | TOME II (281 fig.); 1895...... **18 fr.**

CHEMINS DE FER

PAR

E. DEHARME, Ingr principal à la Compagnie du Midi. | **A. PULIN**, Ingr Inspr pal aux chemins de fer du Nord.

MATÉRIEL ROULANT. RÉSISTANCE DES TRAINS. TRACTION

Un volume in-8 (25-16), XXII-441 pages, 95 figures, 1 planche; 1895 (E.I.). **15 fr.**

ÉTUDE DE LA LOCOMOTIVE. LA CHAUDIÈRE

Un volume in-8 (25-16) de VI-608 p. avec 131 fig. et 2 pl.; 1900 (E.I.). **15 fr.**

ÉTUDE DE LA LOCOMOTIVE. MÉCANISME. CHASSIS TYPES DE MACHINES

Un volume in-8 (25-16) de IV-712 pages, avec 288 figures et un atlas in-4° (32-25) de 18 planches; 1903 (E.I.). Prix........................ **25 fr.**

TRAITÉ GÉNÉRAL DES AUTOMOBILES A PÉTROLE

Par **Lucien PÉRISSÉ**,
Ingénieur des Arts et Manufactures.

In-8 (25-16) de IV-503 p. avec 286 fig.; 1907 (E. I.)... **17 fr. 50 c.**

INDUSTRIES DU SULFATE D'ALUMINIUM,

DES ALUNS ET DES SULFATES DE FER,

Par Lucien GESCHWIND, Ingénieur-Chimiste.

Un volume in-8 (25-16), de VIII-364 pages, avec 195 figures; 1899 (E. I.). **10 fr.**

COURS DE CHEMINS DE FER

PROFESSÉ A L'ÉCOLE NATIONALE DES PONTS ET CHAUSSÉES,

Par C. BRICKA,

Ingénieur en chef de la voie et des bâtiments aux Chemins de fer de l'État.

DEUX VOLUMES IN-8 (25-16); 1894 (E. T. P.).

TOME I : avec 326 fig.; 1894.. **20 fr.** | TOME II : avec 177 fig.; 1894.. **20 fr.**

COUVERTURE DES ÉDIFICES

Par J. DENFER,

Architecte, Professeur à l'École Centrale.

UN VOLUME IN-8 (25-16), AVEC 429 FIG.; 1893 (E. T. P.). **20 FR.**

CHARPENTERIE MÉTALLIQUE

Par J. DENFER,

Architecte, Professeur à l'École Centrale.

DEUX VOLUMES IN-8 (25-16); 1894 (E. T. P.).

TOME I : avec 479 fig.; 1894.. **20 fr.** | TOME II : avec 571 fig.; 1894.. **20 fr.**

ÉLÉMENTS ET ORGANES DES MACHINES

Par Al. GOUILLY,

Ingénieur des Arts et Manufactures.

IN-8 (25-16) DE 406 PAGES, AVEC 710 FIG.; 1894 (E. I.).. **12 FR.**

MÉTALLURGIE GÉNÉRALE

Par U. LE VERRIER,
Ingénieur en chef des Mines, Professeur au Conservatoire des Arts et Métiers.

VOLUMES IN-8 (25-16) SE VENDANT SÉPARÉMENT (E. I.) :

I. — *Procédés de chauffage.* Volume de 367 pages, avec 171 fig.; 1902.. 12 fr.

II. — *Procédés métallurgiques et études des métaux.* Volume de 403 pages, avec 194 figures; 1905........................... 12 fr.

VERRE ET VERRERIE

Par Léon APPERT et Jules HENRIVAUX, Ingénieurs.

In-8 (25-16), avec 130 figures et 1 atlas de 14 planches; 1894 (E. I.).... **20 fr.**

COURS
D'ÉCONOMIE POLITIQUE

PROFESSÉ à L'ÉCOLE NATIONALE DES PONTS ET CHAUSSÉES (E. T. P.)

Par C. COLSON,
Ingénieur en chef des Ponts et Chaussées.

SIX LIVRES IN-8 (25-16) SE VENDANT SÉPARÉMENT, CHACUN **6 FRANCS.**

LIVRE I : *Théorie générale des phénomènes économiques.* Un volume de 450 pages. 2e édition; 1907.

LIVRE II : *Le travail et les questions ouvrières.* Un volume de 344 pages; 1901. (Nouveau tirage.)

LIVRE III : *La propriété des biens corporels et incorporels.* Un volume de 342 pages; 1902.

LIVRE IV : *Les entreprises, le commerce et la circulation.* Un volume de 432 pages; 1903.

LIVRE V : *Les finances publiques et le budget de la France.* 2e édition revue et mise à jour. Un volume de 466 pages; 1909.

LIVRE VI : *Les Travaux publics et les transports.* 2e édition revue et mise à jour. Un volume de 528 pages; 1910.

SUPPLÉMENT aux Livres IV, V et VI. Brochure in-8; 1911 .... **1 fr.**

LES ACIDES MINÉRAUX

DE LA

GRANDE INDUSTRIE CHIMIQUE

(Acide sulfurique, Acide nitrique, Acide chlorhydrique)

Par George F. JAUBERT,

Docteur ès Sciences.

In-8 (25-16) de 560 pages avec 181 fig.; 1912 (E. I.)...... 15 fr.

CHEMINS DE FER FUNICULAIRES

TRANSPORTS AÉRIENS

Par A. LÉVY-LAMBERT

2e ÉDIT. IN-8 (25-16) DE IV-526 P. AVEC 213 FIG.; 1911. (E. T. P). 15 FR.

TEINTURE,

CORROYAGE ET FINISSAGE DES CUIRS

PAR

M.-C. LAMB, F. C. S.,

Directeur de la Section de Teinture
au Collège technique de la « Leathersellers' Company » de Londres

TRADUIT PAR

Louis MEUNIER,
Docteur ès sciences,
Chargé de cours à l'Université de Lyon,
Professeur à l'École française
de Tannerie.

Jules PRÉVOT,
Licencié ès sciences,
Ancien Élève des Écoles de Tannerie
de Lyon, Leeds, Londres,
Vienne et Freiberg.

IN-8 (25-16) DE VI-470 PAGES, AVEC 203 FIGURES ET 4 PLANCHES D'ÉCHANTILLONS; 1910. (E. I.)........................ 20 fr.

CHEMINS DE FER
A CRÉMAILLÈRE

Par M. LÉVY-LAMBERT.

IN-8 (25-16) DE IV-479 PAGES, AVEC 137 FIG.; 1908. (E. T. P.).. 15 fr.

LA DÉFENSE FORESTIÈRE
ET PASTORALE

Par Paul DESCOMBES,
Directeur honoraire des Manufactures de l'État.

PRÉCÉDÉE D'UNE LETTRE DE M. NOBLEMAIRE.

IN-8 (25-16) DE XV-410 PAGES, AVEC 23 FIGURES ET 6 CARTES; 1911. (E. I.) .... 12 fr.

MACHINES FRIGORIFIQUES.
CONSTRUCTION. FONCTIONNEMENT. APPLICATIONS INDUSTRIELLES.

PAR

Dr H. LORENZ,
Professeur à l'École technique de Dantzig.

Dr Ing. C. HEINEL,
Chargé de Cours à l'École technique supérieure de Berlin.

Traduit de l'allemand sur la 4e édition avec l'autorisation des auteurs,

PAR

P. PETIT,
Professeur à la Faculté des Sciences de Nancy, Directeur de l'École de Brasserie.

Ph. JACQUET,
Ingénieur,
Co-gérant des Brasseries Th. Boch et Cie.

2e ÉDITION FRANÇAISE CONSIDÉRABLEMENT AUGMENTÉE. VOLUME IN-8 (25-16) DE VIII-424 PAGES, AVEC 314 FIG.; 1910. (E. I.). 15 FR.

LE CONTRÔLE CHIMIQUE
DE LA COMBUSTION

Par Henri ROUSSET et A. CHAPLET,
Ingénieurs-Chimistes.

In-8 (25-16) de IV-263 pages avec 68 figures; 1909 (E. I.).... 8 fr.

ÉTUDE EXPÉRIMENTALE
DU CIMENT ARMÉ

Par R. FÉRET,
Chef du Laboratoire des Ponts et Chaussées à Boulogne-sur-Mer.

In-8 (25-16) de VI-778 pages, avec 197 figures; 1906 (E. I.). **20 fr.**

LA FORME
DU
LIT DES RIVIÈRES
A FOND MOBILE

Par L. FARGUE,
Inspecteur général des Ponts et Chaussées en retraite.

In-8 (25-16) de IV-187 p., avec 55 fig. et 15 pl.; 1908 (E. T. P.) **9 fr.**

LA TANNERIE

Par L. MEUNIER et C. VANEY,
Professeurs à l'École française de Tannerie.

Publié sous la direction de **LÉO VIGNON,**
Directeur de l'École française de Tannerie.

In-8 (25-16) de 650 pages avec 98 figures; 1903 (E.I.). **20 fr.**

BIBLIOTHÈQUE
PHOTOGRAPHIQUE

La Bibliotheque photographique se compose de plus de 200 volumes et embrasse l'ensemble de la Photographie considérée au point de vue de la Science, de l'Art et des applications pratiques.

MONOGRAPHIE DU DIAMIDOPHÉNOL EN LIQUEUR ACIDE,

Nouvelle méthode de développement.

Par G Balagny.

In-16 (19-12) de VIII-84 pages; 1907.............................. 2 fr. 75 c.

DICTIONNAIRE DE CHIMIE PHOTOGRAPHIQUE,

A l'usage des Professionnels et des Amateurs,

Par G. et A. Braun fils.

Un volume grand in-8 (25-16) de 500 pages.............................. 12 fr.

LA PHOTOGRAPHIE DES COULEURS PAR LES PLAQUES AUTOCHROMES

Par Victor Crémier.

In-16 (19-12) de VIII-112 pages; 1911.............................. 2 fr. 75

PRÉCIS DE PHOTOGRAPHIE GÉNÉRALE,

Par Édouard Belin.

Deux volumes (In-8 25-16), se vendant séparément.

Tome I : *Généralités. Opérations photographiques.* Vol. de VIII-246 pages, avec 96 figures; 1905.............................. 7 fr.

Tome II : *Applications scientifiques et industrielles.* Vol. de 233 pages avec 99 figures et 10 planches ;1905.............................. 7 fr.

TRAITÉ ENCYCLOPÉDIQUE DE PHOTOGRAPHIE,

Par C. FABRE, Docteur ès Sciences.

4 beaux vol. in-8 (25-16), avec 724 figures et 2 planches; 1889-1891.. **48 fr.**
Chaque volume se vend séparément **14 fr.**

Des suppléments destinés à exposer les progrès accomplis viennent compléter ce Traité et le maintenir au courant des dernières découvertes.

1er *Supplément* (A). Un beau vol. de 400 p. avec 176 fig.; 1892.......... **14 fr.**
2e *Supplément* (B). Un beau vol. de 424 p. avec 221 fig.; 1897.......... **14 fr.**
3e *Supplément* (C). Un beau vol. de 400 p. avec 215 fig.; 1903.......... **14 fr.**
4e *Supplément* (D). Un beau vol. de 414 p. avec 151 fig.; 1906.......... **14 fr.**
Les 8 volumes se vendent ensemble.................... **96 fr.**

CARNET PHOTOGRAPHIQUE.
QUINZE ANS DE PRATIQUE DE LA PHOTOGRAPHIE

Par A. CHARVET.

In-16 (19-12) de VI-88 pages, avec figures et 8 planches; 1910.. **2 fr. 75.**

LES POSITIFS SUR VERRE,

THÉORIE ET PRATIQUE,
Par H. FOURTIER.

2e édition. In-16 (19-12) de 188 pages, avec 12 figures; 1907... **2 fr. 75 c.**

LA PHOTOGRAPHIE AU CHARBON
PAR TRANSFERTS ET SES APPLICATIONS

Par G.-A. LIEBERT.

In-8 (25-16) de VI-283 pages, avec 20 figures et une épreuve au charbon; 1908.. **9 fr.**

LA PHOTOGRAPHIE DU VENT

Étude photographique du champ aérodynamique
par le Capitaine LAFAY

In-8 (28-18) de 20 pages avec 16 figures; 1911................. **1 fr.**

APPLICATIONS DE LA PHOTOGRAPHIE
AUX LEVÉS TOPOGRAPHIQUES EN HAUTE MONTAGNE,

Par HENRI VALLOT et JOSEPH VALLOT.

In-16 (19-12) de XIV-237 pages avec 96 figures et 4 planches; 1907. . **4 fr.**

(*Juin* 1912.)

49991 — Paris, Imp. Gauthier-Villars, 55, quai des Grands-Augustins

Vient de paraître :

Conférences Pratiques

SUR

L'Alimentation des Nourrissons

par le Dr NOBÉCOURT

Professeur agrégé de la Faculté de Paris, Médecin des Hôpitaux
Avec une préface du Pr HUTINEL

1 *volume in-8° de* XIX-250 *pages, avec figures dans le texte. . .* **4** fr.

Traité des Maladies ✤ ✤ ✤ ✤ ✤ ✤ ✤ ✤ ✤ ✤ ✤ ✤ ✤ ✤ du Nourrisson

Par le Docteur A. LESAGE

Médecin des Hôpitaux de Paris

1 *volume in-8° de* VI-736 *pages, avec* 68 *figures dans le texte.* **10** fr.

Vient de paraître :

Cent soixante Consultations médicales pour les Maladies des Enfants

par le Dr JULES COMBY

Médecin de l'Hôpital des Enfants-Malades

TROISIÈME ÉDITION

1 *volume in-16, de* IV-314 *pages, cartonné toile. . . . . . .* **3** fr. **50**

Traité des Maladies ✤ ✤ ✤ ✤ ✤ ✤ ✤ ✤ ✤ ✤ ✤ ✤ ✤ ✤ ✤ de l'Enfance

Deuxième édition, revue et augmentée, publiée sous la direction de MM. **J. GRANCHER** et **J. COMBY**, *5 volumes grand in-8°, avec figures . . . .* **112** fr.

TOMES I, II, III et IV. Chacun **22** fr. — TOME V. **24** fr.

COLLECTION DE PRÉCIS MÉDICAUX

(VOLUMES IN-8°, CARTONNÉS TOILE ANGLAISE SOUPLE)

Vient de paraître :

Anatomie et Dissection, par **H. ROUVIÈRE**, professeur agrégé à la Faculté de Médecine de Paris. — TOME I. — **Tête, Cou, Membre supérieur.** *1 vol. in-8° de 431 p. (197 fig., presque toutes en couleurs).* **12** fr. TOME II (*et dernier*) **paraîtra en novembre 1912.**

Introduction à l'étude de la Médecine, par **G.-H. ROGER**, professeur à la Faculté de Paris. *4e édit.* **10** fr.

Physique biologique, par **G. WEISS**, professeur agrégé à la Faculté de Paris. 2e *édition revue* (*543 figures*). . . . . **7** fr.

Physiologie, par **Maurice ARTHUS**, professeur à l'Université de Lausanne. 4e *édition*. . . . . . (*Sous Presse*).

Chimie physiologique, par **M. ARTHUS**. 6e *édition,* (*118 fig. et 2 planches*). . **6** fr.

Biochimie, par **E. LAMBLING**, professeur de chimie organique à la Faculté de Médecine de Lille (600 pages) **8** fr.

Dissection, par **P. POIRIER** et **A. BAUMGARTNER**, ancien prosecteur, 2e *édition* (*241 figures*) . . . . . . **8** fr.

Examens de Laboratoire *employés en clinique,* par **L. BARD**, professeur à l'Université de Genève, avec la collaboration de MM. **G. MALLET** et **H. HUMBERT**. 2e *édition* (*162 figures en noir et en couleurs*). **10** fr.

Diagnostic médical et Exploration clinique, par **P. SPILLMANN** et **P. HAUSHALTER**, professeurs, et **L. SPILLMANN**, professeur agrégé à la Faculté de Nancy, 2e *édition entièrement revue* (*181 figures*) . . . . . . **8** fr.

Médecine infantile, par **P. NOBÉCOURT**, agrégé à la Faculté de Paris. 2e *édition entièrement refondue* (*136 figures et 2 planches hors texte en couleurs*). **14** fr.

Chirurgie infantile, par **KIRMISSON**, professeur à la Faculté de Paris, 2e *édition* (*475 figures*). . . . . **12** fr.

COLLECTION DE PRÉCIS MÉDICAUX (*Suite*)

Médecine légale, par **LACASSAGNE,** Pr à l'Université de Lyon, 2e *édition* (*112 fig. et 2 pl.*). **10** fr.

Ophtalmologie, par **V. MORAX,** ophtalmologiste de l'hôpital Lariboisière (*339 fig. et 3 pl.*) . . **12** fr.

Dermatologie, par **J. DARIER,** médecin de l'hôpital Broca, (*122 figures*). . . . . **12** fr.

Pathologie exotique, par **E. JEANSELME,** agrégé à la Faculté de Paris, et **E. RIST,** médecin des hôpitaux (*160 figures et 2 planches*) . . . . **12** fr.

Thérapeutique et Pharmacologie, par **A. RICHAUD,** professeur agrégé à la Faculté de Paris, 2e *édition revue avec figures*. **12** fr.

Parasitologie, par **E. BRUMPT,** professeur agrégé à la Faculté de Paris (683 *fig. et 4 pl. en couleurs*). **12** fr.

Microbiologie clinique, par **F. BEZANÇON,** agrégé à la Faculté de Paris. *Deuxième édition revue* (*148 figures*) . . . . **9** fr.

Précis de Pathologie Chirurgicale par MM. BÉGOUIN,

BOURGEOIS, PIERRE DUVAL, A. GOSSET, JEANBRAU, LECÈNE, LENORMANT, R. PROUST, TIXIER, 4 volumes in-8°, cartonnés toile anglaise.

TOME I. — **Pathologie chirurgicale générale, Maladies générales des Tissus, Crâne et Rachis,** par MM. **P. LECÈNE R. PROUST,** Professeurs agrégés à la Faculté de Paris et **L. TIXIER,** Professeur agrégé à la Faculté de Lyon. *1 vol.* (*349 figures*) **10** fr.

TOME II. — **Tête, Cou, Thorax,** Par MM. **H. BOURGEOIS,** Oto-rhino-laryngologiste des Hôpitaux de Paris, et **CH. LENORMANT,** Professeur agrégé à la Faculté de Paris. *1 vol.* (*312 figures*). . . . . **10** fr.

TOME III. — **Glandes mammaires, abdomen,** par MM. **Pierre DUVAL, A. GOSSET, P. LECÈNE, Ch. LENORMANT,** Professeurs agrégés à la Faculté de Paris. *1 vol.* (*352 figures*). . . . . **10** fr.

Pour paraître en 1912 :

TOME IV. — **Organes génito-urinaires, membres,** par MM. **P. BÉGOUIN, E. JEANBRAU, R. PROUST, L. TIXIER.**

BIBLIOTHÈQUE DE THÉRAPEUTIQUE CLINIQUE

à l'usage des Médecins praticiens.

Vient de paraître :

Thérapeutique usuelle des Maladies de la Nutrition, par les Drs PAUL LE GENDRE et ALFRED MARTINET. 1 *vol. in-8° de* 429 *p. avec fig.* 5 fr.

Thérapeutique usuelle des Maladies de l'Appareil Respiratoire, par le Dr A. MARTINET, 1 *vol. in-8° de* IV-295 *pages avec* 36 *fig.* . . . . 3 fr. 50

Les Régimes usuels, par les Drs P. LE GENDRE et A. MARTINET. 1 *vol. in-8° de* IV-434 *pages* . . . . 5 fr.

Les Aliments usuels, Composition — Préparation, par le Dr A. MARTINET, 2e *édition entièrement revue.* 1 *vol. in-8°, de* VIII-352 *pages avec fig.* 4 fr.

Les Médicaments usuels, par le Dr A. MARTINET, 4e *édition, revue et augmentée.* 1 *vol. in-8° de* 609 *pages* . . . . 6 fr.

Les Agents Physiques usuels, Climatothérapie — Hydrothérapie — Kinésithérapie — Thermothérapie — Electrothérapie — Radiumthérapie, par les Drs A. MARTINET, MOUGEOT, DESFOSSES, DUREY, DUCROCQUET, DELHERM, DOMINICI. 1 *vol. in-8° de* XVI-633 *pages, avec* 170 *figures et* 3 *planches* . . . . 8 fr.

Clinique Hydrologique, par les docteurs F. BARADUC — FÉLIX BERNARD — M. E. BINET — J. COTTET — L. FURET — A. PIATOT — G. SERSIRON — A. SIMON — E. TARDIF (du Mont-Dore). 1 *vol. in-8° de* X-636 *pages* . . . . 7 fr.

71039. — Imprimerie LAHURE, rue de Fleurus, 9, à Paris

www.ingramcontent.com/pod-product-compliance
Ingram Content Group UK Ltd.
Pitfield, Milton Keynes, MK11 3LW, UK
UKHW020117200726
13856UKWH00002B/601